Autodesk Revit
参数化设计之道：Dynamo 实战剖析

柏慕联创　组编

主　编　陈旭洪　　胡宇琦　　李　签

副主编　胡　林　　倪茂杰　　肖　飞　　叶盛智

参　编　刘晓立　　孙玉霞　　王宏彦　　胥伟洪
　　　　张俊国　　向俊飞　　李怡静　　许述超
　　　　白世靖　　苗文豪　　杨全宇　　张荣军
　　　　胡玉玲　　王　静　　周　波　　李思怡
　　　　何　骏　　王海蓉　　薛飞丽

机械工业出版社
CHINA MACHINE PRESS

本书主要基于 Autodesk Revit 上的开源插件——可视化编程软件 Dynamo 展开，面向建设工程领域，适用于建筑行业各个专业的设计、施工、管理方面的专业人士和研究人员，高校师生，软件开发工程师以及 BIM 爱好者。

　　本书为读者提供了大量的实战技巧，具有较强的针对性、知识性、独创性与实用性。

　　本书第 1 章以例题的形式讲解 Dynamo 基础知识，串联关键知识点，避免了枯燥的理论讲解，增加了可读性，同时为真实项目实战打下基础。在第 2 章案例应用，分别从案例背景、解决方案、案例知识点、案例详解四个方面对每一个真实案例进行讲解。通过提出项目需求，探究解决思路，解决项目问题，带领读者由浅入深，逐步掌握解决问题的思路和方法，举一反三，解决自身的实际工程问题，并且借助 BIM 技术，从源头提高项目的综合应用与管理能力，为读者今后的职业提升和项目经济收益提供帮助。第 3、4 章深入地讲解了 DesignScript 语法、Python 调用 Revit API 等知识点，可以帮助有一定基础的读者进一步提升自身实力，为脚本优化和二次开发打下基础。能更好地帮助读者理解软件的 API，并为工程需求服务，这也是当今建设领域一名优秀 BIM 工程师的必备技能。

图书在版编目（CIP）数据

Autodesk Revit 参数化设计之道：Dynamo 实战剖析/柏慕联创组编.—北京：机械工业出版社，2021.10（2023.4重印）

ISBN 978-7-111-69151-8

Ⅰ.①A… Ⅱ.①柏… Ⅲ.①建筑设计–计算机辅助设计–应用软件 Ⅳ.①TU201.4

中国版本图书馆 CIP 数据核字（2021）第 188472 号

机械工业出版社（北京市百万庄大街22号 邮政编码100037）
策划编辑：张 晶 责任编辑：张 晶 张大勇
责任校对：刘时光 封面设计：张 静
责任印制：刘 媛
涿州市般润文化传播有限公司印刷
2023年4月第1版第2次印刷
184mm×260mm·11 印张·1 插页·259 千字
标准书号：ISBN 978-7-111-69151-8
定价：69.00 元

电话服务　　　　　　　网络服务
客服电话：010-88361066　机 工 官 网：www.cmpbook.com
　　　　　010-88379833　机 工 官 博：weibo.com/cmp1952
　　　　　010-68326294　金 书 网：www.golden-book.com
封底无防伪标均为盗版　机工教育服务网：www.cmpedu.com

编审指导委员会

推荐序一

本书的副主编胡林是我非常欣赏的一位朋友，阳光、敬业、充满亲和力。虽然工作繁忙，大家聚会的机会很少，但每次面对面交谈，我都会被胡林的正能量所影响。这次收到胡林的邀请，为新书作推荐序，我感到非常荣幸。仔细阅读了新书的大纲和部分案例，更是觉得干货满满，是一本实用的软件进阶教程，希望能被更多的 BIM 从业者看到，为读者的技能提升提供实实在在的帮助。

Autodesk Dynamo 自发布以来，已过去五年的时间。2016 年，我作为欧特克公司的技术经理，负责 Dynamo 产品和相关技术在全国 Revit 用户群体中的推广。据不完全统计，目前全国使用 Dynamo 的用户已过万人，Dynamo 成为了 BIM 从业者不可缺少的可视化编程工具，熟练使用 Dynamo 进行可视化编程也成了企业对于资深 BIM 工程师的要求之一。在第十二届中国勘察设计协会创新杯 BIM 大赛中，有近半的项目（共计 1900 多个参赛项目）采用了 Dynamo 可视化编程技术，有的用于 BIM 正向设计效率提升，有的用于提取、分析和批量处理 BIM 模型中的设计和建管信息，有的用于衍生式设计和参数化，还有很多用户通过 Dynamo 编写的实用程序实现了技术路线创新并获得了国家发明专利或软件著作的业绩，Dynamo 的出现为 BIM 从业者提供了新的思路和灵感。希望这本新的 Dynamo 进阶教程能够成为各位读者的翅膀，工程创新之路虽曲折，但愿此书能带领读者乘风飞行。

在今年 Autodesk University 在线用户大会（简称 AU 大会）上，我认识了本书主编陈旭洪。他申请担任 AU 大会讲师，介绍了《基于 Autodesk Revit 与 Dynamo 的市政路桥隧解决方案》。我正好负责支持这门课程的录制，完整地听陈老师讲述了 Dynamo 在路桥设计中的编程思路和技巧，深感陈老师对 Dynamo 的深入研究。所以这次出版这本进阶教程，我也对其中完整的内容充满期待，特别是其中与工程实际紧密结合的案例以及 Python 编程相关的进阶教学内容，一定会帮助广大的 Dynamo 用户拓宽应用场景，提升创新能力！

宋　姗

欧特克工程行业技术专家

2021 年 10 月 12 日于成都

推荐序二

几年前，一位朋友送了我一台米家的机器人积木，我花了一下午的时间组装好，本来想单纯放在桌面上当做装饰摆件，不过在安装的最后，说明书上要求给那台机器人装上一个"大脑"，然后下载一个APP，可以控制机器人的一系列行为。一般类似的机器人，你只能拿着一个遥控器，控制它前进、后退、转弯，而这个机器人的手机APP上，则是多了很多"编程"的玩法。和很多非计算机专业出身的人一样，我对"编程"这两个字有着本能的恐惧，但毕竟是孩子都能玩的玩具，我就硬着头皮尝试了一下这台机器人的编程功能。真操作起来也并不复杂，一开始我尝试让它前进固定的距离再转弯，从而实现自动在我的家里完成巡航；后来通过一系列的判断和循环操作，让它对家里不同位置的环境做出反应，比如压到一只拖鞋会发出警报；最后甚至加上了颜色传感器，让它"看到"红色的东西就唱一首歌。重要的是，在整个"编程"的过程中，我没有使用那些复杂的英文代码，而是把一个个动作模块、判断模块、计时模块按照规则"拼装"到一起，和拼装积木也没什么区别。当然，这离那种复杂代码控制的高级机器人还差十万八千里，但从本质上来讲，它们实现的事情本质上都是相通的，那就是用定制操作对抗重复劳动。

什么是"定制操作"呢？玩具厂当然没办法知道每个家庭的房间布局，所以没有办法统一预设一套算法，让机器人实现自动巡航，机器人一定会撞墙。什么是"重复劳动"呢？如果我们希望机器人在家里行走，就只能一遍又一遍拿着遥控器，控制它的前进和转弯。是的，在我们使用Revit软件进行BIM工作的时候，软件本身就是那个预设了一些通用功能的机器人，但世界上那么多工程师，那么多具体的操作需求，软件不可能把所有的需求都预设成一个个的按钮，这时候就需要我们来"定制"一些自己的操作。在程序员的世界有句话："Don't Repeat Yourself（不要重复你自己）"。这句话说的是代码不要重复，这对人来说也是一样。当一项工作需要重复操作很多次的时候，程序员一定会写一个程序，让机器来帮助完成任务。

在BIM圈，也有很多人走上了软件开发的道路，不过对大多数工程行业的人来说，没有很深的计算机学习背景，为工作中的具体场景学习写代码，性价比并不是很高，专门的软件研发方向也和他们的职业路线不相符。

这就是Dynamo派上用场的时候了。Dynamo是一个与Revit结合使用的可视化编程工具，它的界面非常友善，用线条把不同功能的节点块串联到一起，来实现不同的功能，让你用更直观简单的方式访问Revit API，可以不必输入一行代码。用Dynamo实现比较多的功能，就是完成那些重复的工作。

举个例子，我的一位朋友为了给一个项目录入信息，曾经需要专门雇几个实习生，一条条手动录入，当项目要录入上万条信息的时候，成本就很高；后来使用 Dynamo，效率提高了不止 10 倍。同样，在 Revit 中插入一张表格或者出一张图很简单，而当你需要插入 100 张表格、出 100 张图的时候可就痛苦了，Dynamo 可以让你本来花几个小时才能完成的重复工作在几分钟内完成。使用它不仅仅是完成重复的工作，还可以用来实现复杂形体的设计。稍微复杂一点的形体，可以用 Revit 体量功能来完成，但对于更复杂的异形建筑、桥梁等形体的建模，Revit 体量功能就不够用了。

Dynamo 可以作为一个强大的形体设计工具，通过编码生成需要的设计选项，来完成高难度的建模工作，后期也可以通过更改参数来方便地变更响应式模型。除此之外，Dynamo 还可以用来做建筑信息的拾取和处理、环境分析等工作，只要发挥你的想象力，所有 Revit 提供的 API 可能做的事情，都可以用它抽取和集合起来，去做一些很棒的工作。

如果 Revit 是一辆赛车，建模的知识相当于知道刹车在哪、油门怎么踩、方向盘怎么控制，但也仅此而已了。随着你对赛车越来越深的了解，你需要更进一步知道它的引擎原理，了解怎么换机油、换备胎，甚至是自己改装让它的性能更棒。而学习 Dynamo 带来的思维转变是更重要的，它让你不满足于软件本身的预设操作，去想办法自己创造新的功能，并把创造成果分享给他人。它还会给你带来拆解任务的思维和数据思维，帮助你在 BIM 技术的探索之路上走得更远。通过对这本书的系统性学习，你将会走进 Dynamo 的神奇世界，那里有无数的"灵光一现时刻"在等待你。

BIMBOX 孙彬

推荐序三

2021 年是"十四五"规划开局之年。在国家"十四五"规划中明确提出了"加快数字化发展,建设数字中国"的规划要求,提出打造数字经济新优势、加快数字社会建设步伐、营造良好数字生态等方面的建设目标。2021 年 5 月,国家统计局正式发布《数字经济及其核心产业统计分类(2021)》,明确了数字经济的定义,即以数据资源作为关键生产要素、以现代信息网络作为重要载体、以信息通信技术的有效使用作为效率提升和经济结构优化的重要推动力的一系列经济活动。在数字经济产业划分范围中,BIM 技术正式作为数字化建筑业效率提升业的统计指标。

这意味着"BIM"这个词所代表的已不仅是一项工程行业的先进技术,更重要的是 BIM 的过程也已经成为一项重要的经济活动指标纳入数字经济统计。作为一名致力于 BIM 行业的推动业者,我很欣慰地看到 BIM 能在短短的十几年内从无到有在行业内发生如此巨大的变化,无论从技术层面、管理层面还是从社会经济层面,都已经取得了重要地位。作为一名 BIM 行业的从业者,我更有信心为 BIM 的教育、应用与创新继续贡献自己的一份力量。

BIM 模型和信息的创建是 BIM 活动的基础。在 BIM 模型创建领域,面对当前工程建设行业形体复杂、信息量巨大的创建需求,"参数化建筑"也随之而生。所谓参数化建筑即是把建筑设计的全要素都变成某个函数的变量,通过改变函数,或者说改变算法,能够获得不同的建筑设计方案。在这样的背景下,诞生了 Dynamo 等优秀的算法工具,它以简捷的界面、强大的算法驱动、优秀的计算能力等一系列特点,且能够与 Autodesk Revit 这样的 BIM 软件产品无缝结合,成为参数化建筑设计的代表工具之一。

基于 Dynamo 的参数化建筑可以生成诸如北京凤凰中心那样的优美的数学曲面,也可以通过算法生成大量的模型,例如沿道路边缘精确放置排水边沟盖板。

通过参数化建筑的手段,对提升工程建设行业的 BIM 应用、发挥建筑师的创意提供了数字化的技术支持。这本书深度解析了 Dynamo 应用,它不仅介绍了 Dynamo 中基本的数学算法,也系统介绍了通过当今流行的大众编程工具 Python 对 Dynamo 节点功能进行拓展,全面而深入地介绍了 Dynamo 参数化应用的方方面面,对于深入掌握参数化设计大有裨益。希望这本书能提升各位读者的数字化能力。

王君峰

重庆筑信云智建筑科技有限公司

2021 年 10 月 19 日

P前 言
reface

或许您和我们一样，已经注意到 BIM（Building Information Modeling，建筑信息模型）已经从概念普及的萌芽阶段和试验性项目的验证阶段转向落地应用的实施阶段，住建部最近的一些官方文件也为 BIM 技术给建筑行业带来的意义深远的变革定下了基调。人们现在关注的重点已经从 BIM 能够带来什么转到究竟 BIM 应该如何具体实施，如何和上游、下游有效衔接，如何利用 BIM 工具、BIM 管理平台增强自身的核心竞争力等方向上来了。

"工欲善其事，必先利其器"，您需要更得力的相关软件工具来协助完成 BIM 方案的落地实施。

目前 Autodesk Revit 作为欧特克（Autodesk）软件有限公司针对 BIM 实施所推出的核心旗舰产品已经被大家广泛使用，它能实现单一构件的参数化设计和信息加载，以及在项目中构件集的分类和信息汇总，但项目构件与构件之间信息数据相对孤立，不便于项目信息数据的再加工应用，离开项目信息数据应用谈 BIM 就只是一句空话。

Autodesk Dynamo 是 Autodesk 旗下的开源可视化编程平台，其与 Autodesk Revit 的关系，类似于 Rhino 上的插件 Grasshopper，它把让人头疼的代码封装在一个"包"里，从而降低使用难度，可以让设计师用可视化编程界面开发自己的设计工具，提高工作效率。它的出色之处在于管理建筑信息（即 BIM 中的 Information），使数据结构灵活性更佳，并且可以调用 Revit 的数据。它的强项正是项目信息数据加工处理，并弥补了 Autodesk Revit 异形建模方面的不足。如 Autodesk Dynamo 可根据施工管理平台要求，为项目构件批量添加施工编码；根据设计要求批量设置停车位编号；自动提取异形建筑幕墙嵌板空间定位坐标数据，总之一切有逻辑的功能需求都能用 Dynamo 实现。

"可视化编程语言"可以让工程师通过图形化界面创建程序，不必从白纸开始一行行地写程序代码，用户可以简单地连接预定义功能模块，轻松创建自己的算法和工具，换句话说，就是工程师不用通过写代码就可以享受到计算式设计的好处——可以直接利用 Dynamo 中已经封装好的节点，或者直接上手编写 Dynamo 的程序，去实现自己的程序，节省很多时间。

Dynamo 与 Autodesk 旗下各种软件兼容，如：Revit、Advance Steel、Formlt、Civil3D、Alias、Inventor、Maya 等。您可以通过 Dynamo 这样一个中间平台，把它们联系起来，进而形成一套完整的有机系统。

本书主要基于 Autodesk Revit 上的开源插件——可视化编程软件 Dynamo 展开，面向建设工程领域，适用于建筑行业各个专业的设计、施工、管理方面的专业人士和研究人员，高校师生，软件开发工程师以及 BIM 爱好者。

全书由简到难。第 1 章以例题的形式讲解 Dynamo 基础知识，串联关键知识点，避免了枯燥的理论讲解，增加了可读性，同时为真实项目实战打下基础。在第 2 章案例应用，结合柏慕联创多年来积累的项目经验，分别从案例背景、解决方案、案例知识点、案例详解四个方面对每一个真实案例进行讲解。通过提出项目需求，探究解决思路，解决项目问题，带领读者由浅入深，逐步掌握解决问题的思路和方法，举一反三，解决自身的实际工程问题，并且借助 BIM 技术，从源头提高项目的综合应用与管理能力，为读者今后的职业提升和项目经济收益提供帮助。第 3、4 章深入地讲解了 Design Script 语法、Python 调用 Revit API 等知识点，可以帮助有一定基础的读者进一步提升自身实力，为脚本优化和二次开发打下基础。能更好地帮助读者理解软件的 API，并为工程需求服务，这也是当今建设领域一名优秀 BIM 工程师的必备技能。

本书的作者均是工程项目 BIM 落地实施的一线工程师，项目实施经验丰富，内容主要为柏慕联创长期研究的经验积累与成果总结，并为读者提供了大量的实战技巧，具有较强的针对性、知识性、独创性与实用性。

本书针对项目实际需求所列解决方案未必是唯一方案，也未必是最佳方案。但希望通过这些方案，能够激发工程实践一线人员在项目实践时的灵感，充分利用 Autodesk Dynamo 所提供的各个功能，更加高效、高质量地完成项目。由于编写时间与作者水平的限制，本书虽然经反复斟酌修改，但也难免有疏漏之处，欢迎读者利用柏慕联创的相关交流平台与我们讨论交流，您的意见和建议正是我们不断努力前进的源动力。

希望本书能够为中国广大的 Autodesk Dynamo 爱好者开拓思路，助推 BIM 技术在国内的深入实施。

胡 林

2021 年 8 月 10 日

凌晨于成都

C目 录
ontents

第 1 章 Autodesk Dynamo基础入门

本章由浅入深，以例题的形式分别讲解 Dynamo 中的点、线、坐标系、向量、数据交互等基础知识，是第 2 章案例应用的基础。本章的每一个例题均从解决思路、知识点、例题详解三个方面进行阐述，思路逻辑清晰明了，让读者能够更加容易理解并掌握用 Dynamo 解决问题的技巧。

全书使用 Dynamo 2.1.0 版本软件讲解，请读者到官网（https：//dynamobim. org/）自行下载，并在 Revit 软件关闭状态下安装。

1.1 Autodesk Dynamo 简介

1.1.1 Autodesk Dynamo 界面

Autodesk Dynamo 2.1.0 安装完成后，打开 Revit 软件，在 "管理" 选项卡→ "可视化编程"，单击 Dynamo 命令 ![Dynamo] 即可打开软件，在弹出的版本选择对话框中选择 2.1.0 版本，如图 1-1 所示。

🔊 提示

Revit 2017 版本之后，Dynamo 内置在 Revit 功能中，内置版本各不相同，如 Revit 2018 版本内置 Dynamo 版本为 1.2.2，Revit 2020 版本内置 Dynamo 版本为 2.1.0；以 Revit 2018 为例，单独安装 Dynamo 2.1.0 版本之后，Revit 软件内部就存在两个版本的 Dynamo 插件，所以会出现版本选择的对话框。

图 1-1

打开 Dynamo 软件，启动界面如图 1-2 所示。

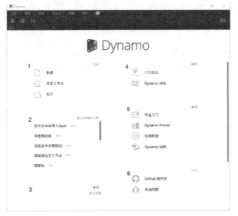

图 1-2

启动界面包含内容如下：

(1) 文件：开始新项目，新建或者打开文件。

(2) 最近使用过的文档：可快速打开最近打开过的项目文件。

(3) 备份：文档备份，可修改备份位置。

(4) 询问：从论坛或 Dynamo 网站得到常见问题的解答。

(5) 参照：其他学习资源链接，包括快速入门教程、Dynamo Primer 等一系列教程。

(6) 代码：参与数据源开发，基于 Dynamo 开发更多功能的平台。

(7) 样例：软件自带样例项目，便于用户迅速了解 Dynamo 的工作流程。

新建项目文件，进入 Dynamo 编辑界面，如图 1-3 所示。

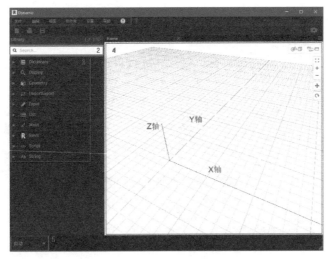

图 1-3

Dynamo 操作界面划分为 5 个区域：

(1) 菜单栏。

(2) 节点搜索栏。

(3) 节点库（节点翻译对照详见附录 1）。

（4）工作空间，右上角图标功能是在程序编辑界面和三维视图界面间切换。

（5）程序执行栏，可在自动与手动之间切换。

在三维视图界面中，红色虚线代表 X 轴正方向，绿色虚线代表 Y 轴正方向，蓝色虚线代表 Z 轴正方向。

1.1.2　基本操作

1. 节点调用
找到需要调用的节点，单击鼠标左键即可对节点进行调用。

2. 节点连接与断开
节点连接时单击输出端，再单击另一个节点的输入端即可完成两个节点的连接。

取消节点连接时，单击输入端，然后在操作界面空白处单击即可。

3. 节点拖拽移动
鼠标左键长按节点即可对节点进行拖拽。

1.1.3　文件格式

Dynamo 涉及两种格式的文件，Dynamo 脚本文件格式为 ".dyn"，自定义节点文件格式为 ".dyf"。

1.1.4　节点颜色提示

（1）灰色：表示正常运行或输入端缺失，如图1-4所示。

（2）黄色：表示数据类型输入不匹配（警告），光标放置到 ⟱ 符号上，将显示警告提示，如图1-5所示。

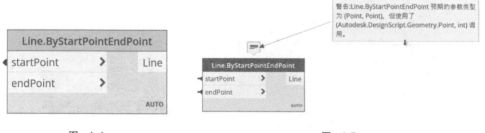

图　1-4　　　　　　　　　　　　　　　图　1-5

（3）红色：表示语法错误，光标放置到 ⟱ 符号上，将显示错误提示，如图1-6所示。

图　1-6

3

1.2 例题1：应用 Dynamo 绘制 y = x(−5≤x≤5) 函数图像

1. 解题思路

根据已有的函数知识，了解到函数 y = x 在区间（−5≤x≤5）的函数图像，为一条连接点 A（−5，−5）和点 B（5，5）的直线段，如图 1-7 所示；那么在 Dynamo 里，就可以利用两点连线的思路来绘制此函数图像。

总的来说就是先找到两个点，然后再把这两个点连成线，这样即可完成函数图像的绘制。

2. 知识点

- Point. ByCoordinates
- Number
- Line. ByStartPointEndPoint

3. 例题详解

首先找到 A（−5，−5）和 B（5，5）两点。

由于点属于几何学，所以在 Geometry（几何学）里找到 Points（点）下的 Point. ByCoordinates（通过坐标系生成点）节点，单击此节点即可在操作界面添加一个此节点，如图 1-8 所示。

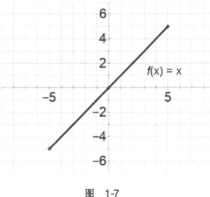

图 1-7

Point. ByCoordinates（通过坐标系生成点）节点，通过输入 x、y 两个数值构成点的 x、y 坐标，从而生成点，如图 1-9 所示。

图 1-8

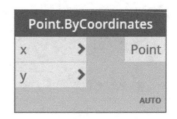

图 1-9

在输入数据 Input（输入）里的 Basic（基础数据）下，找到 Number（数字）节点，如图 1-10 所示。输入数值（即点的 x、y 坐标值），并将其连接到 Point. ByCoordinates（通过坐标系生成点）节点的对应接口，即可创建 A（−5，−5）和 B（5，5）两点，如图 1-11 所示。

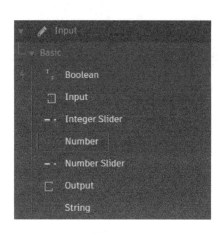

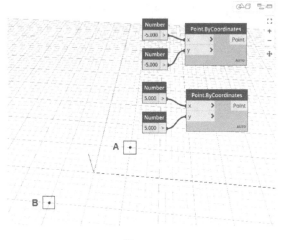

图 1-10 图 1-11

提示1

　　节点连接是将一个节点的输出端与另一个节点的输入端连接；操作时单击输出端，这个时候就会从输出端引出一条虚线；此时再单击另一个节点的输入端即可完成两个节点的连接。两个节点连接时，选择输入端与输出端的先后顺序并没有要求。

提示2

　　取消节点连接时，单击输入端，然后在操作界面空白处单击即可。

提示3

　　节点连接时，输入端只能连接一个节点，而输出端可以连接多个节点，如图1-12所示。

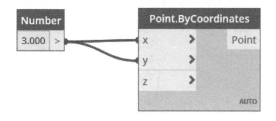

图 1-12

　　确定了 A、B 两点之后，只需用一条直线连接两点即可。顺着找点的思路，利用 Geometry（几何学）→Curves（线）→line（线）→ByStartPointEndPoint（通过两点生成线），将两个点分别与节点 Line.ByStartPointEndPoint（通过两点生成线）的两个端口连接，形成直线段，如图1-13所示。

　　保存文件为"y = x 函数 . dyn"。

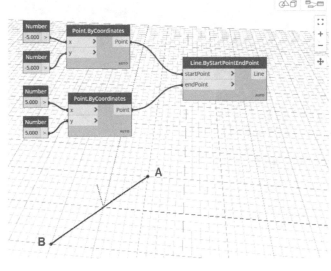

图　1-13

🔊 提示

　　Dynamo 不能同时打开多个脚本（.dyn）文件，新建或打开另一个脚本文件时，软件会默认关闭现有脚本文件。

　　练习题：绘制 $y = 2x + 1$（$-5 \leqslant x \leqslant 5$）函数图像。

1.3　例题2：应用 Dynamo 绘制 $y = x^2$（$-5 \leqslant x \leqslant 5$）函数图像

1. 解题思路

　　与例题 1 不同，$y = x^2$（$-5 \leqslant x \leqslant 5$）的函数图像不再是简单的一根直线段。回顾一下初中第一次学习二次函数时，采用"描点"法绘制函数图像，从而找出函数的属性，如图 1-14 所示。找的点越多，那么函数图像绘制的也就越精确。借用这个思路，用 Dynamo 绘制一系列的点，并把这些点用光滑的曲线串联起来，便可得到 $y = x^2$（$-5 \leqslant x \leqslant 5$）的函数图像。

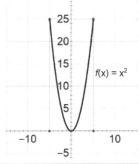

X	−5	−4	−3	−2	−1	0	1	2	3	4	5
$Y = X^2$	25	16	9	4	1	0	1	4	9	16	25

图　1-14

2. 知识点

- Range
- Sequence
- NurbsCurve. ByPoints

3. 例题详解

（1）根据 x 的取值范围确定一组 x 值，即数字序列。如果用例题 1 中的 Number（数字）节点，每个点均需要两个 Number（数字）节点，因此节点数量较大，且操作相对烦琐。所以接下来要引入一个 Dynamo 中非常重要的概念：List（列表）。这个节点在后续很多章节以及以后工作中会经常使用。

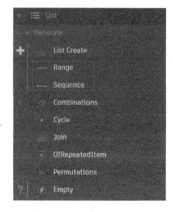

图 1-15

找到 List（列表）下的 Generate（创建）中的 Range（范围）和 Sequence（序列）两个节点，如图 1-15 所示。

Range（范围）节点用于根据数据取值区间和数据间距确定数字序列，如图 1-16 所示。

Sequence（序列）节点用于根据数字序列的初始值、序列总个数及数据间距确定序列值，如图 1-17 所示。

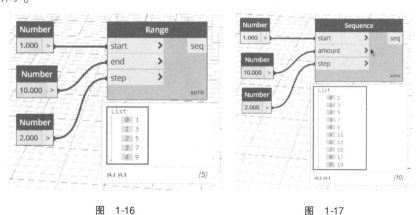

图 1-16   图 1-17

本题中采用 Range（范围）节点，很容易就能得到 x 的数字序列，即 $y = x^2$（$-5 \leqslant x \leqslant 5$）函数图像"描点"法中选取的 11 个点的 x 坐标值，如图 1-18 所示。

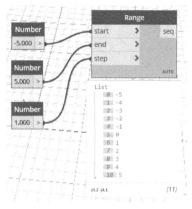

图 1-18

（2）根据逻辑运算得到函数 y 的值。在 Math（数学）下的 Operators（运算符）里可以找到数学运算符号 ＊（图 1-19），通过简单的数学运算便得到了 11 个点的 y 坐标值，如图 1-20 所示。

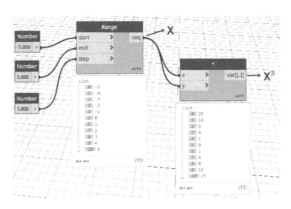

图 1-19   图 1-20

（3）通过节点连接将 x、y 值分别输入 Point. ByCoordinates（通过坐标系生成点）节点中，如图 1-21 所示。

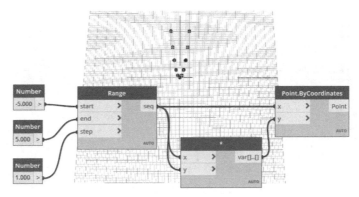

图 1-21

（4）用光滑曲线（样条曲线）连接各点形成最后的函数图像，利用 Geometry（几何学）→Curves（线）→NurbsCurve. ByPoints（通过点的样条曲线），如图 1-22 所示。

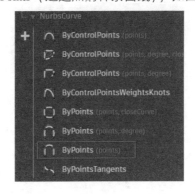

图 1-22

最后将这一组点串联在一起，便得到 $y = x^2$ （ $-5 \leqslant x \leqslant 5$ ） 函数图像，如图 1-23 所示。

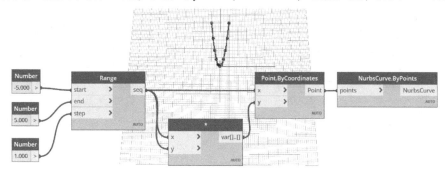

图 1-23

保存文件为 "$y = x^2$ 函数 . dyn"。

Dynamo 中连接线的形式有两种：曲线和多段线。在"视图"→"连接件"→"连接件类型"，用户可以根据需要选择连接线类型，如图 1-24 所示。

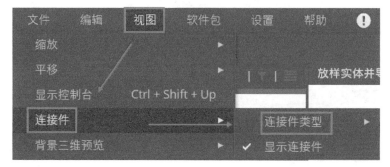

图 1-24

当 Dynamo 中节点程序较多时，容易引起混淆，或是难以清理节点间的逻辑关系。Dynamo 中提供了对齐功能，可以自动将一系列的节点按照给定的方式进行对齐。在"编辑"→"对齐所选项"，可以根据需要选择需要的规则，如图 1-25 所示。

X 平均值：按照选中节点 X 方向的平均值位置重排节点。

Y 平均值：按照选中节点 Y 方向的平均值位置重排节点。

左侧：向选中节点中最左侧的节点对齐。

右侧：向选中节点中最右侧的节点对齐。

顶部：向选中节点中最顶部的节点对齐。

底部：向选中节点中最底部的节点对齐。

X 分发：将选中节点在 X 方向上等间距重排。

Y 分发：将选中节点在 Y 方向上等间距重排。

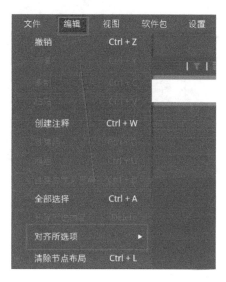

图 1-25

需要注意的是，使用对齐选择功能时，要先框选需要对齐的节点，否则对齐选择功能是灰选状态。

"对齐所选项"下面还有一个命令：清除节点布局，快捷键是 Ctrl + L；这个功能可以将程序中所有节点按顺序排布。一般来说，可以将这个功能结合对齐选择功能使用，也就是说先用清除节点布局功能将所有节点整理之后，再用对齐选择功能对部分节点再整理。当节点比较多，程序比较复杂时，自动整理可能会打乱编者的逻辑思路，具体运用看情况而定。

Dynamo 还提供了创建组的功能，用户可以根据程序节点的逻辑关系将节点分成不同的组，然后通过创建组功能，将其成组并赋予标题。如图 1-26 所示，框选需要成组的节点，单击鼠标右键，在弹出的菜单中选择"创建组"。用户可以输入文字作为该节点组的名称，也可以为该节点组选择背景颜色。

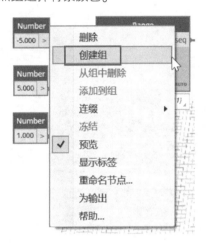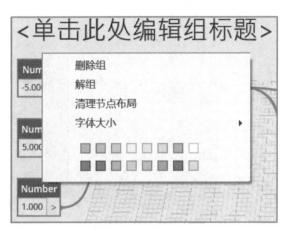

图 1-26

练习题：绘制 $y = -2x^2 + 1$ （$-3 \leqslant x \leqslant 3$）函数图像。

1.4 例题3：应用 Dynamo 绘制 $y = \sin(x)$（$-2\pi \leqslant x \leqslant 2\pi$）函数图像

1. 解题思路

顺着前两题的解题思路，本题同样采用"描点"法来绘制 $y = \sin(x)$（$-2\pi \leqslant x \leqslant 2\pi$）函数图像。首先，在 x 的取值区间 $[-2\pi, 2\pi]$ 上取一组点的 x 坐标值，然后找到对应 x、y 坐标值，最后用一条光滑的曲线串联各个点，如图 1-27 所示。

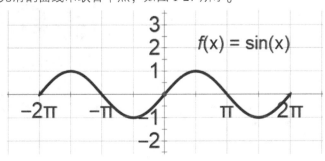

图 1-27

2. **知识点**

- Math. PI
- Math. DegreesToRadians
- Math. RadiansToDegrees
- Number Slider

3. **例题详解**

（1）采用 Range（范围）节点来构建一组点的 x 坐标值（方法同例题2）。这里 π 可以采用 3.14 的近似值来代替，如果需要精确的值就需要用节点表示；在 Math（数学）的 Functions（函数）下有一个 PI（π 常数）节点，即 π。用节点 Math. PI 代替 3.14，如图 1-28 所示。

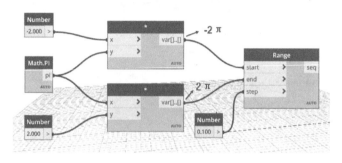

图　1-28

（2）添加 Math. Sin（正弦函数）节点。选择 Math（数学）→Functions（函数）→Sin（正弦函数）节点，即 Sin（x）函数。通过观察可以发现 Range（范围）节点输出的是一组弧度数值，而 Sin（正弦函数）节点的输入端是角度值，如图 1-29 所示。

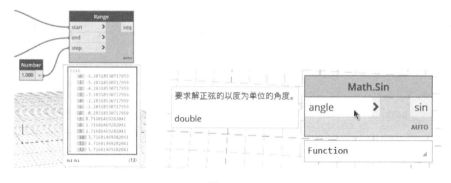

图　1-29

此时需要将弧度值转换为角度值，然后再输入 Math. Sin（正弦函数）节点。

如何转化？这里讲两种方法。

第一种方法是采用数学公式：弧度 = （180/π）°进行转换，这里不再赘述，读者可以自行尝试。

第二种方法是用节点转换。

在 Math（数学）的 Units（单位）下有两个节点：Math. DegreesToRadians（角度转换为弧度）和 Math. RadiansToDegrees（弧度转换为角度），如图 1-30 所示。

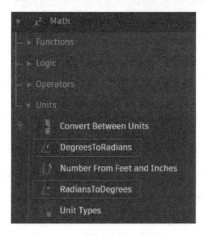

图　1-30

本例题采用第二种方法，即用 Math. RadiansToDegrees（弧度转换为角度）节点将弧度转换为角度。添加 Math. RadiansToDegrees（弧度转换为角度）节点，连接对应关系；将输出结果输入 Math. Sin 节点，得到一组 Sin（x）函数的 y 坐标值，如图 1-31 所示。

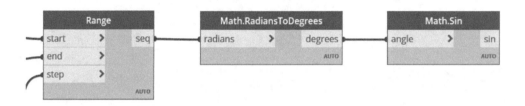

图　1-31

（3）生成函数图像。将 x、y 坐标对应输入 Point. ByCoordinates（通过坐标系生成点）节点，并用 NurbsCurve. ByPoints（通过点的样条曲线）节点串联各点，完成 y = sin（x）（−2π≤x≤2π）函数图像绘制，如图 1-32 所示。

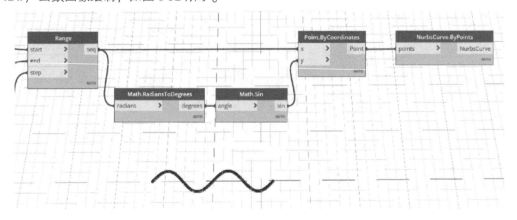

图　1-32

（4）添加数字滑块节点。为了更好地控制 x 的取值在这里引入一个新节点：数字滑块。

Input（输入）→Basic（基础数据）→Number Slider（数字滑块），如图 1-33 所示。Number Slider（数字滑块）节点可以规定数字的最小值、最大值以及滑块滑动时的数据间距，通过调整滑块的位置可以获得不同的值。

将 Number（数字）节点替换为 Number Slider（数字滑块）节点，拖动滑块的同时观察函数图像的变化，如图 1-34 所示。

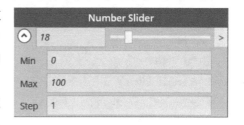

图 1-33

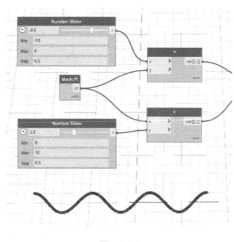

图 1-34

在许多地方都可以使用 Number Slider（数字滑块）节点，相比于 Number（数字）节点，Number Slider（数字滑块）节点对数据的操作更加灵活。

框选所有节点，按 Ctrl + L 自动整理节点位置，保存文件为 "y = sin（x）函数 . dyn"。

练习题：绘制 y = tan（x）函数图像。

1.5　例题 4：应用 Dynamo 绘制心形线

1. 解题思路

心形线由两个函数构成，根据函数关系式，可以求得 x 的取值范围为 [−5.4，5.4]。沿用前几个例题中 "描点" 法的思路，要绘制心形线首先分别找到两个函数图像上的一系列点集，然后用光滑的曲线依次连接各点即可（图 1-35）。

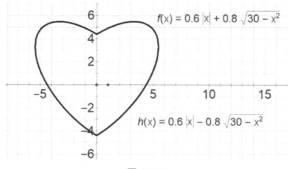

图 1-35

13

2. 知识点

- List Create
- List. Reverse
- List. Flatten
- NurbsCurve. ByPoints（closeCurve）

3. 例题详解

（1）创建两个函数图像上的点。绝对值也是一种函数，选择 Math（数学）→Functions（函数）→Abs（求绝对值），添加 Abs（求绝对值）节点，如图 1-36 所示。

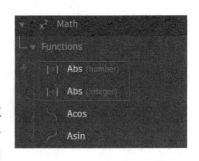

图　1-36

这里有两个绝对值节点，它们的区别在于输入、输出的数据类型不一样：一个是 double 型（双精度型浮点数据），另一个是 int 型（整数类型），使用时根据实际项目需要选择适用的数据类型。

同理，选择 Math（数学）→Functions（函数）→Sqrt（开平方根函数），添加 Sqrt（开平方根函数）节点。

根据前面已学的知识点，可以顺利地找到两个函数图像上的点，主要操作步骤如下（图 1-37）。

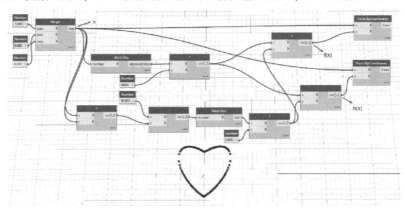

图　1-37

1）采用 Range（范围）节点来构建一组点。

2）通过 Math. Abs（求绝对值）节点及数学运算符号"＊"获取一组点 $y = 0.6|x|$。

3）通过 Math. Sqrt（开平方根函数）节点、数学运算符号"＊"及数学运算符号"－"获取一组点 $y = 0.8$。

4）通过数学运算符号"＋"获取一组点 $y = 0.6|x| + 0.8$。

5）获取一组坐标数据（x，$0.6|x| + 0.8$）。

6）同样的方法获取另一组坐标数据（x，$0.6|x| - 0.8$）。

🔊 提示

这两组坐标数据的 x 值为同一组数据，均为第一步中通过 Range（范围）节点来构建的一组点。

用两个 NurbsCurve. ByPoints（通过点的样条曲线）节点只能将两个函数的点分别串联，但是心形线并不能完全闭合，如图 1-38 所示。

（2）合并二维列表，降低二维列表维度。为了解决这个问题，首先想到的办法就是将点进行叠加，也就是把两组点变成一组点，再输入 NurbsCurve. ByPoints（通过点的样条曲线）节点。

看上去是两组点的合并，实际上是对两个列表的处理。

在 List（列表）下 Generate（创建）里有 List Create（创建列表）节点，它可以将多组列表进行叠加，如图 1-39 所示。

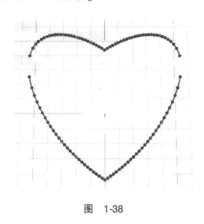

图 1-38   图 1-39

将两组点接入 List Create（创建列表）节点，再输入 NurbsCurve. ByPoints（通过点的样条曲线）节点。

结果如图 1-40 所示，显然问题并没有得到解决，这是为什么呢？

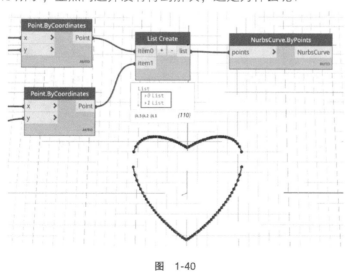

图 1-40

通过查看 List Create（创建列表）节点发现，它确实对列表进行了叠加，但是它依然是一个二维列表，只是被组合在一起了。

现在需要做的是将二维列表变为一维列表。

这里需要使用 List（列表）下 Modify（修改）里的 List. Flatten（列表拍平）节点，如

图 1-41 所示，它可以降低列表维度，默认情况是降低 1 个维度，也可根据具体情况设置。

降维后再次输入 NurbsCurve. ByPoints（通过点的样条曲线）节点，如图 1-42 所示。此时实现了用一条曲线串联各点的目的，但是明显连接顺序有问题，且没有闭合。

图 1-41

图 1-42

（3）调整列表中连接两个函数点的顺序。再次分析发现，NurbsCurve. ByPoints（通过点的样条曲线）是按照列表中点的顺序，依次连接各点形成曲线，如图 1-43 所示。

第二组数据，即 h（x）函数上的点是从左边开始依次排序的，所以会出现两组数据对角相连的情况。也就是说，如果将第二组数据的排序反转，让它从右边开始排序，就不会出现图 1-43 中的错误情况了。

对于列表的处理，可以使用 List（列表）下 Organize（组织）里的 List. Reverse（列表倒序）节点。利用 List. Reverse（列表倒序）节点可以将函数 h（x）上的点反转排序，然后再用 NurbsCurve. ByPoints（通过点的样条曲线）节点串联各点形成曲线，如图 1-44 所示。

运行之后发现，图 1-44 中的曲线并没有闭合，有一端是开放的。

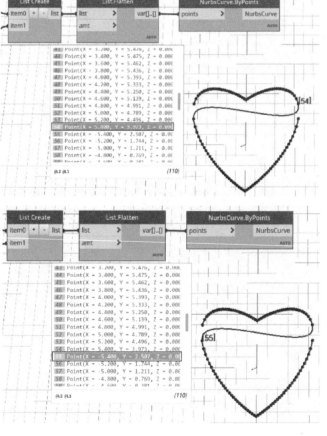

图 1-43

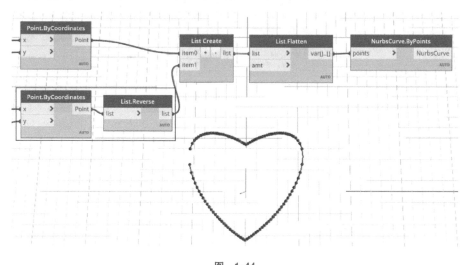

图 1-44

这是使用的节点的问题，需要替换一个可以使曲线闭合的节点。

（4）将曲线闭合。重新寻找合适的节点，在 Geometry（几何学）→Curves（线）→NurbsCurve（样条曲线）中，有多个 ByPoints（通过点的样条曲线）节点，选择可以通过布尔运算控制是否闭合的节点，如图 1-45 所示。

替换原来的节点：在 Input（输入）→Basic（基础数据）→Boolean（布尔值），修改布尔值为 True（真值），也就是要求曲线闭合，这样就完成了心形线绘制，如图 1-46 所示。

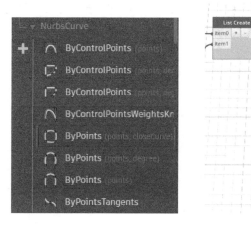

图 1-45

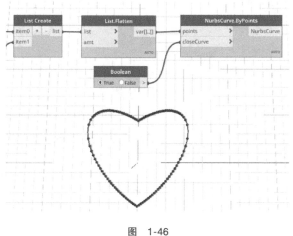

图 1-46

保存文件为"心形线.dyn"。

1.6 例题5：应用 Dynamo 绘制 $x^2 + y^2 = R^2$ 函数图像

1. 解题思路

通过简单的数学运算将函数 $x^2 + y^2 = R^2$ 分解为两个部分（图 1-47）：上半圆 $y = +\mathrm{sqrt}(R^2 - x^2)$（$-R \leqslant x \leqslant R$），下半圆 $y = -\mathrm{sqrt}(R^2 - x^2)$（$-R \leqslant x \leqslant R$）。变量 R 采用 Number Slider（数字滑块）节点代替，这样可以通过前面讲解的知识点来解决问题。

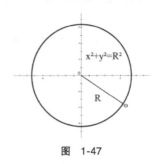

图　1-47

但是如果函数结构复杂，便不能通过简单的函数变形求解此类问题，如本例题最后的思考题"笛卡尔—心形线"。如果把它当作纯粹的数学问题来看待，很容易就想到采用极坐标的方法求解。

这里就采用极坐标的方式来构建函数并完成函数图像的绘制。

🔊 提示

　　数学中，极坐标系是一个二维坐标系统。该坐标系中任意位置可由一个夹角和一段相对原点—极点的距离来表示。

　　用极坐标系描述的曲线方程称作极坐标方程，通常表示为 r 为自变量 θ 的函数。极坐标系中的角度通常表示为角度或者弧度，使用公式 $2\pi \times rad = 360°$。

2. 知识点

- 极坐标法
- Code Block

3. 例题详解

（1）描点法绘制。函数 $x^2 + y^2 = R^2$ 的极坐标方式为：

$$x = R\cos(\theta)，y = R\sin(\theta)　（0 \leqslant \theta \leqslant 2\pi）$$

使用描点法绘制函数图像，步骤如下：

1）使用 Number. Silder（数字滑块）创建一组数值，表示 R。

2）使用 Range（范围）节点在区间 $0 \leqslant \theta \leqslant 2\pi$ 内取一组数值，表示 θ，注意转换 θ 的单位。

3）通过数学运算获取 x、y 值。

4）将 x、y 值输入 Point. ByCoordinates（根据坐标系生成点）节点，再用闭合曲线 NurbsCurve. ByPoints（通过点的样条曲线）节点串联各点，形成可参变 R 值的圆形，结果如图 1-48 所示。

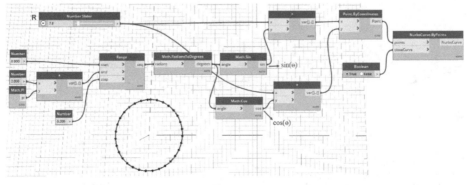

图　1-48

仅一个简单的函数就用了多个 Dynamo 节点，能否简化节点呢？

（2）Code Block 节点简化节点。这里给大家介绍一个功能强大的 Code Block 节点，如图 1-49 所示。在 Script（脚本）下的 Editor（编辑器）里可以找到，也可以直接在工作空间中双击鼠标左键进行调用。

图 1-49

Code Block 节点可以直接进行逻辑运算，若出现未知变量，未知变量将被自动视为节点的输入端口，如图 1-50 所示，书写过程中不可以省略运算符号。

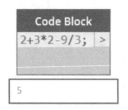

图 1-50

Code Block 节点可以调用 Dynamo 中的任何节点，通常是根据节点目录按层级书写，以"."隔开。例如调用三角函数 sin（x），需要先写 Math，和编程一样，软件会出现命令提示窗口，供编辑者快速选择，如图 1-51 所示。当然也有通过直接书写节点名来调用命令的情况，如坐标点节点，Point. ByCoordinates（x，y，z）。有关内容将在"DesignScript 语法"的相关章节进行讲解。

🔊 提示

输入函数时，注意"（）"为英文状态下输入。

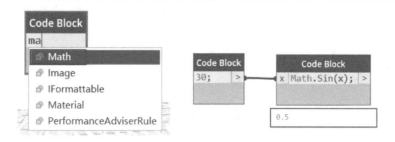

图 1-51

Code Block 节点也可以用于直接编写列表，实现 Range 节点和 Sequence 节点的功能，如图 1-52 所示。即"起始值 .. 终值 .. 数据间距"和"起始值 ..#总个数 .. 数据间距"。

🔊 提示

注意数据之间是两个"."，而非一个"."。

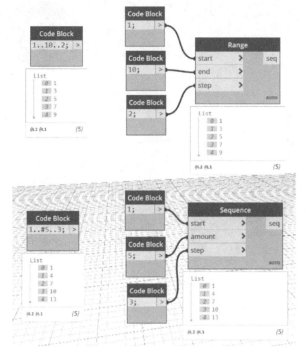

图　1-52

同理，Code Block 节点也可以写为"起始值 .. 终值 ..#一共被平分的个数"，如图 1-53 所示。

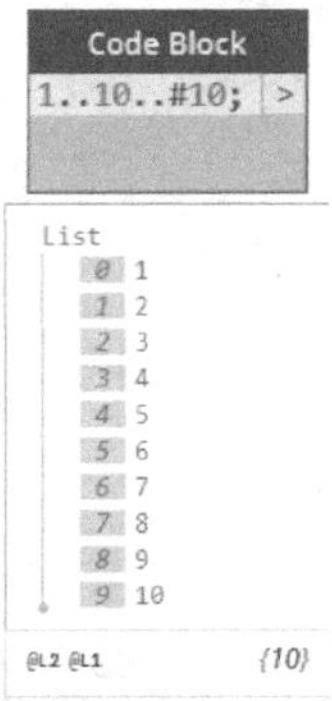

图　1-53

利用 Code Block 节点，简化本例题中的节点，如图 1-54 所示。

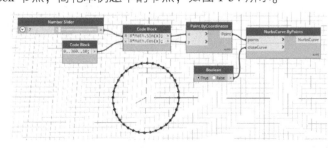

图　1-54

节点可以继续简化，如图1-55所示，节点中所用DesignScript语法的相关内容详后续章节，此处不做要求。

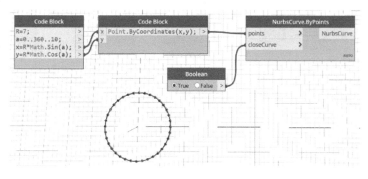

图 1-55

保存文件为"$x^2 + y^2 = R^2$ 函数 . dyn"。

思考题：应用 Dynamo 绘制笛卡尔—心形线（图1-56）

笛卡尔—心形线函数方程式为：

$$x^2 + y^2 + a \times x = a \times sqrt \ (x^2 + y^2)$$

$$x^2 + y^2 - a \times x = a \times sqrt \ (x^2 + y^2)$$

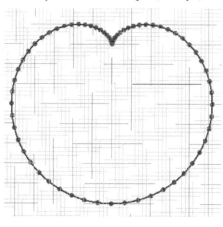

图 1-56

🔊 提示

笛卡尔—心形线参数式方程：

$x = a \times [2\cos (t) - \cos (2t)]$；$y = a \times [2\sin (t) - \sin (2t)]$，其中 $-\pi \leqslant t \leqslant \pi$ 或 $0 \leqslant t \leqslant 2\pi$。

1.7 例题 6：应用 Dynamo 绘制螺旋线

1. 解题思路

如图1-57所示，控制螺旋线的主要参数有半径 r、圈数 n、螺距 h；区别于例题5中圆形的绘制，螺旋线旋转的角度为 360° × n，圆形中 n = 1，在螺旋线中 n 不一定为整数。螺旋线为三维空间曲线，其起点 z 坐标为零，终点 z 坐标为 h × n，而例题 5 中圆形的 z 坐标均为零。

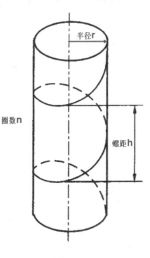

图 1-57

2. 知识点

- List. Count
- Code Block
- 创建自定义节点

3. 例题详解

（1）绘制一圈螺旋线。利用例题 5 完成的节点进行修改。

首先需要三个 Number Slider（数字滑块）节点来分别控制半径 r、圈数 n 和螺距 h。先从特殊情况开始讨论：暂定 n = 1，即旋转一圈的螺旋线。螺旋线旋转一圈为 360°，在一圈中每间隔 10 的距离取点，总共取了 37 个点，如图 1-58 所示。

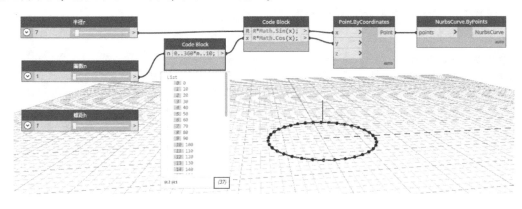

图 1-58

共计 37 个点，即列表 37 项。

在 List（列表）→Inspect（查询）中选择 Count（列表项数），List. Count（列表项数）节点用来统计列表的个数，如图 1-59 所示。

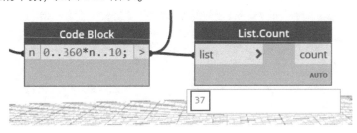

图 1-59

（2）获取已知点对应的 z 坐标值。螺旋线旋转一圈的总高度为一个螺距 h，旋转 n 圈的总高度即为 n × h。接下来找到这条螺旋线上平分的 37 个点的 z 坐标即可。

利用例题 5 中所讲的 Code Block 节点"起始值 .. 终值 .. #一共被平分的个数"即"0 .. n * h .. #a"便可解决问题，如图 1-60 所示。

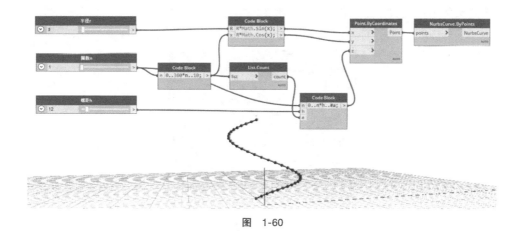

图　1-60

当然在 Dynamo 中也有创建螺旋线的节点 ByAxis（Geometry→Helix→ByAxis），如图 1-61 所示，读者可以自行尝试绘制。

图　1-61

（3）自定义节点。为了在后续的项目中方便调用，可以将上述完成的螺旋线节点打包成一个节点，类似于 Helix（螺旋线）→ByAxis，这就是所谓的自定义节点。

框选除输入端口（3 个数字滑块）的其余所有节点，在空白处单击鼠标右键，选择创建自定义节点，如图 1-62 所示。

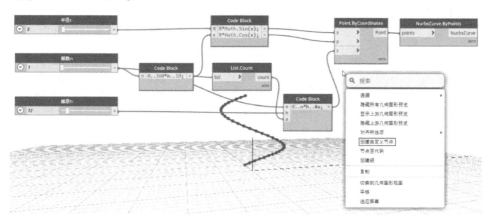

图　1-62

对自定义的节点进行命名，并做简单的使用说明。需要注意的是，在附加模块类别中可以创建节点层级，以"."隔开，如图1-63所示。

图　1-63

单击"确定"后，会出现一个新的窗口文件，如图1-64所示，保存此文件在默认位置。

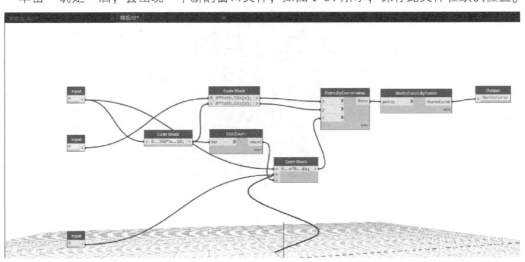

图　1-64

◄》提示1

自定义节点文件格式为"＊.dyf"，Dynamo文件格式为"＊.dyn"。

◄》提示2

自定义节点一般保存在默认位置，便于直接调用；默认位置可以根据需要自行修改（设置）。如图1-65所示，利用"设置"→"管理节点和软件包路径"，可以增加默认存储路径。需要注意的是，如果删除该路径，那么存储在该路径下的自定义节点将随之被删除。

自定义节点"螺旋线"在工作空间会变为一个节点，如图1-66所示；双击该节点可以进入自定义节点文件编辑界面即图1-64所示界面。为了方便节点的使用，可以在自定义节点文件编辑界面中，将三个 Input 节点的 n，R，h 分别改为中文，这样图 1-66 所示的三个输入接口就是汉字表示了。

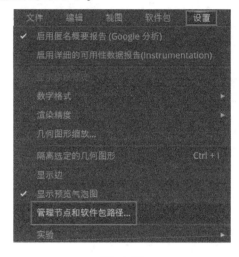

图 1-65　　　　　　　　　　　　　　　　　　图 1-66

同时，在节点库的附加板块中，可以找到自定义的"螺旋线"节点，如图 1-67 所示，且按图 1-63 中自定义的层级关系展开。

图 1-67

提示

也可以直接创建自定义节点，如图 1-68 所示，利用"文件"→"新建"→"自定义节点"。

图 1-68

保存文件为"螺旋线.dyn"。

练习题：应用 Dynamo 绘制逐渐放大的三维螺旋线（图 1-69）。(提示：半径 r 为变量)

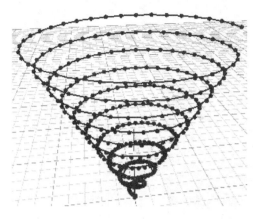

图　1-69

1.8　例题 7：应用柱面坐标系绘制螺旋线

1. 解题思路

螺旋线的绘制方法有很多种，这里讲解一下柱面坐标系法。

首先，通过数学解析几何中对柱面坐标系的定义来帮助理解 Point. ByCylindricalCoordinates（通过柱面坐标系生成点）节点。其次，通过输入不同的数值来测试节点各输入、输出端口的含义以及其能达到的效果。这对以后了解未知节点有很大帮助。

$$T:\begin{cases}x = r\cos\theta, \\ y = r\sin\theta, \\ z = z,\end{cases} \qquad 其中 \begin{cases}0 \leqslant r < +\infty, \\ 0 \leqslant \theta < 2\pi, \\ -\infty < z < +\infty.\end{cases}$$

2. 知识点

- 柱面坐标法
- Point. ByCylindricalCoordinates

3. 例题详解

在 Geometry（几何学）里的 Points（点）中，通过观察发现在节点前有三种符号，如图 1-70 所示，绿色的加号、红色的闪电、蓝色的问号；这些符号将节点大致分为三类：创建类（加号）、修改类（闪电）、查询类（问号）。

通过三种颜色的符号可以快速查找需要的节点。比如，创建点的方法有很多，接下来要讲的 Point. ByCylindricalCoordinates（通过柱面坐标系生成点）节点就是通过柱面坐标系创建点。不过需要注意的是由于英译汉的原因，这里的分类并不是很严谨。

简单的英语单词结合数学解析几何的相关知识，可以更好地理解 Point. ByCylindricalCoordinates（通过柱面坐标系生成点）节点各输入端口的含义。鼠标放置在输入端口上，停留两秒，会出现相关提示

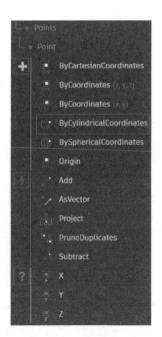

图　1-70

说明，这也可以帮助用户进一步理解，如图 1-71 所示。"CS"是对坐标系的处理，可以根据项目需要平移、旋转坐标系，在后续的章节中会进一步讲解。

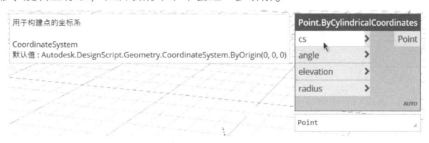

图 1-71

"angle"（角度）即为柱面坐标方程中的 θ，"elevation"（高度）即为 z 值，"radius"（半径）即为半径 r。通过 θ 的数学含义，可以将 0°～360° 的一个列表输入 "angle"（角度）接口，这样可以生成圆形点阵，如图 1-72 所示；将圆形点阵接入 NurbsCurve. ByPoints（通过点的样条曲线）节点便可快速生成圆形。

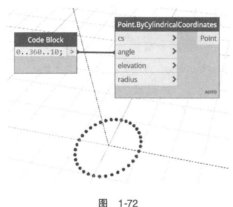

图 1-72

根据例题 6 的相关知识，要想得到螺旋线，需要把对应圆形点阵中的点依次赋予对应的 z 值坐标，如图 1-73 所示。这是一圈度数为 360°，螺距为 5，半径为 2 的螺旋线，也可以通过添加数字滑块让螺旋线变化更为灵活（参照例题 6 的相关知识点）。

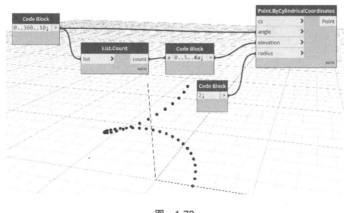

图 1-73

保存文件为"柱面坐标系螺旋线 . dyn"。

练习题：绘制费马螺线（图1-74）

费马螺线表达式为 $r^2 = \theta a^2$，求解后 $r = \pm \text{sqrt}（\theta a^2）$。

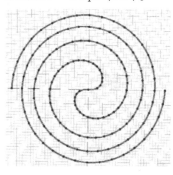

图 1-74

1.9 例题8：应用球面坐标系绘制球面螺旋线

1. 解题思路

球坐标系（r，θ，φ）与直角坐标系（x，y，z）的转换关系为：

$$x = r\sin\theta\cos\varphi, \quad y = r\sin\theta\sin\varphi, \quad z = r\cos\theta。$$

利用球面坐标系绘制球面螺旋线，通过分析知道起始点为（0，0，r），终点为（0，0，−r），则 θ 的取值为 0°~180°，每旋转一圈 φ 的取值为 0°~360°，半径 r 控制球体的大小（图1-75）。

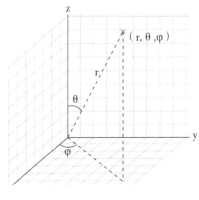

图 1-75

2. 知识点

• 面坐标法

• Point. BySphericalCoordinates

3. 例题详解

整体流程与例题 7 类似。

（1）在 Geometry（几何学）→Points（点）→Point（点）→BySphericalCoordinates（通过球面坐标生成点），调取节点 Point. BySphericalCoordinates（通过球面坐标生成点）。

（2）在 0°~180°取值区间内，取 1000 个点，即 1000 个列表项，表示 θ。

（3）在 0°～360°b 取值区间内，取 1000 个点，即 1000 个列表项，表示 φ；圈数 b 可以通过一个数字滑块来表示。

（4）调用一个固定数值表示半径 r。

（5）通过 NurbsCurve. ByPoints（通过点的样条曲线）节点串联各点，这样便得到了球面螺旋线，如图 1-76 所示。

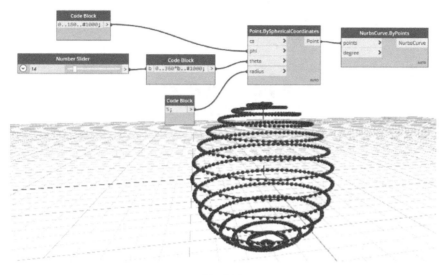

图　1-76

保存文件为"球面螺旋线 . dyn"。

1.10 例题 9：应用 Dynamo 放样实体并导入 Revit

1. 解题思路

学习 Revit 中形体创建各个命令的概念，有助于学习 Dynamo 中实体创建的相关节点；形体创建命令中，放样命令用得最多。

放样是指将一个垂直于路径的轮廓，沿着这条路径扫掠而形成的实体。通过对概念的理解，完成放样需要满足两点：

（1）必须有一条路径和一个轮廓。

（2）轮廓必须垂直于路径。

这两点对寻找解决问题的思路至关重要。

本题将在 Dynamo 中创建如图所示的实体，并将其导入 Revit 中，从零开始，带着读者去思考，如何寻找节点，如何解决问题。

本题可以分解为两大步骤：

（1）在 Dynamo 中创建实体（图 1-77）。

（2）将实体导入 Revit。

2. 知识点

● Dynamo 学习思路：从终点节点（结果节

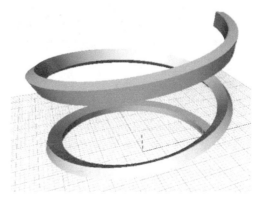

图　1-77

点）开始，逆向寻找节点

- 向量
- Solid. BySweep
- Rectangle. ByWidthLength（plane，width，length）
- Plane. ByOriginNormal
- Curve. TangentAtParameter
- Curve. PointAtParameter
- ImportInstance. ByGeometry

3. 例题详解

要创建图 1-77 所示实体形状，很容易想到放样命令。根据放样的概念，需要一条螺旋线做路径，同时需要一个矩形当轮廓。在 Dynamo 的学习过程中，建议读者秉承从结果出发的思路，那么接下来就是在 Dynamo 中寻找放样命令的节点。

新建一个体量族，然后切换到 Dynamo 界面。

实体属于 Geometry（几何学），这就圈定了一个范围，接下来可以在 Geometry（几何学）下的 Solids（实体）中寻找目标节点。

放样可以创建非常规实体，区别于柱体、球体等常规实体，需要在 Solids（实体）下的 Solid 中寻找。根据简单的图标和节点提示说明，很快就可以锁定 Solid. BySweep（通过放样生成实体）节点，如图 1-78 所示。

图 1-78

与放样命令一样，Solid. BySweep（通过放样生成实体）节点需要输入轮廓和路径两个端口，如图 1-79 所示。

接下来需要分别创建一条螺旋线和一个矩形轮廓，并对应接入 Solid. BySweep（通过放样生成实体）节点，从而创建目标实体。

螺旋线的创建方法本节不再赘述，这里创建了一个半径为

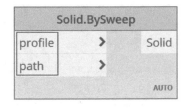

图 1-79

20 个单位，螺距为 30 个单位，旋转了 2 圈的螺旋线。为了排除点预览效果对视觉的影响，在 Point. ByCylindricalCoordinates（通过柱面坐标系生成点）上单击鼠标右键，可以关闭节点的预览效果，如图 1-80 所示。

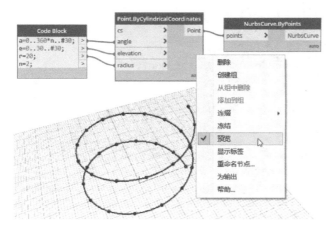

图 1-80

提示

关闭预览效果，可以让操作界面背景更清楚一些，减少干扰。

矩形属于一种特殊的闭合曲线，在 Geometry（几何学）下的 Curves（线）中，可以找到 Rectangle（矩形）的多种创建方法，如图 1-81 所示。这里需要在垂直于螺旋线的平面上绘制一个矩形，这样才能完成目标放样。

在创建矩形的五个命令中，Rectangle. ByWidthLength（通过长宽生成矩形）（plane，width，length）节点是唯一一满足要求的节点。

Rectangle. ByWidthLength（通过长宽生成矩形）（plane，width，length）节点有三个输入端口，如图 1-82 所示，需要确定一个绘制矩形的平面，以及矩形的长度和宽度。

图 1-81

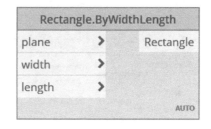

图 1-82

接下来的重点就是确定这个 Plane（参考平面）：一个垂直于曲线上某点的平面。

回想数学知识，与方向有关的概念便是向量。曲线上任意一点都有切线向量，如果曲线上某点的切线向量与平面的法向量相等，那么这个平面一定垂直于该点处的曲线。

平面是一个抽象的概念，在 Geometry（几何学）下 Abstract（抽象的）中可以找到 Plane（参考平面）的多种创建方法，如图 1-83 所示。在这里需要通过法向量来确定平面，Plane. ByOriginNormal

(通过中心法向量生成参考平面) 节点便满足要求。

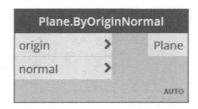

图 1-83

Plane. ByOriginNormal (通过中心法向量生成参考平面) 节点需要输入两个参数, 即平面上的点和通过该点的向量确定平面。

通过分析可知, 平面上的点即为曲线上的点, 平面的法向量即为曲线该点处的切线向量。因此, 问题转换为对曲线的处理。

因为是对曲线的进一步处理, 所以在 Geometry (几何学) → Curves (线) →Curve (线) 的红色 "闪电" (操作类) 符号类别中寻找, 如图 1-84 所示, Curve. TangentAtParameter (获取曲线参数处的切线向量) 节点即为想要的目标节点。

Curve. TangentAtParameter (获取曲线参数处的切线向量) 节点有两个接入端口, 即指定的曲线和曲线位置参数 (默认值为 0)。

图 1-84

曲线位置参数是指用 [0, 1] 之间的数值, 代表曲线上的某一位置, "0" 代表曲线的起点, "1" 代表曲线的终点, 这里选择曲线的起点位置。根据目前已完成的内容, 连接已有节点, 如图 1-85 所示。

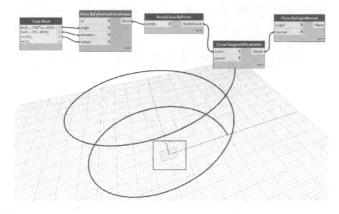

图 1-85

默认平面位置为坐标原点，接下来需要将平面移动到曲线的起点位置。

在 Geometry（几何学）→ Curves（线）→ Curve（线）中，找到 Curve.PointAtParameter（获取曲线参数处的点）节点，如图 1-86 所示。

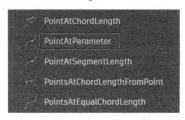

图　1-86

如图 1-87 所示，将平面移动到曲线的起点位置，输入矩形的长宽值便完成了放样前的准备工作。

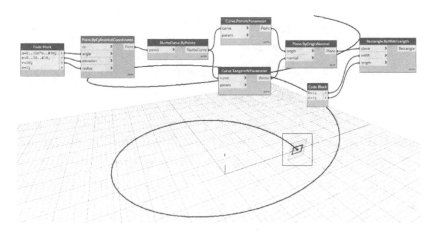

图　1-87

最后接入 Solid.BySweep（放样生成实体）节点便完成了放样实体，如图 1-88 所示。

 提示

注意放样路径是螺旋线。

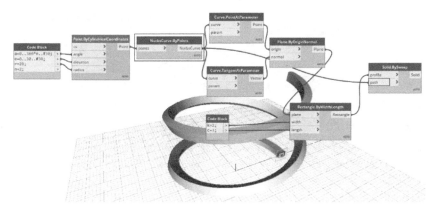

图　1-88

本题第一个形体创建的问题解决了，接下来就是将图元导入 Revit 中。

与 Revit 交互有关的节点均在 Revit 目录下，如图 1-89 所示。

在 Elements（Revit 图元）→ImportInstance（导入实例）中选择 ByGeometry（通过几何图形导入实例），ImportInstance. ByGeometry（通过几何图形导入实例）节点用于将 Dynamo 中的一个几何实例输入 Revit 中，如图 1-90 所示，ImportInstance. ByGeometries（通过几何图形导入实例）节点则是将 Dynamo 中的多个几何实例输入 Revit 中。

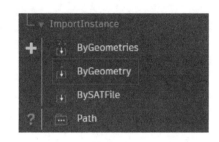

图 1-89   图 1-90

将 ImportInstance. ByGeometry（通过几何图形导入实例）节点接入 Solid. BySweep（放样生成实体）节点，此时便完成了将 Dynamo 实例输入 Revit 中的操作，如图 1-91 所示。

特别说明，Dynamo 中并没有单位，只有单元；但是与 Revit 相联系的 Dynamo 节点会引用 Revit 项目中的单位，也就是说 Dynamo 中的一个单元和 Revit 中的"项目单位"是保持一致的。当 Revit 的项目单位为"mm"时，Dynamo 中的一个单元即为 Revit 中的1mm。

为了便于查看，将 Revit 中"管理"选项卡下的"项目单位"长度改为"m"，如图 1-92 所示。

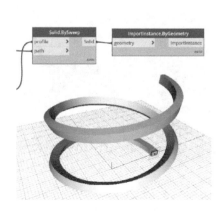

图 1-91   图 1-92

如此便完成了本题的所有操作。

在 Revit 中可以将导入的实体分解，这样便可以对实例进行其他体量操作，如幕墙网格分割等，如图 1-93 所示。

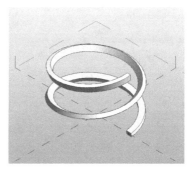

图 1-93

📢 提示1

实体构件曲率很大时不能分解。

📢 提示2

Dynamo 文件只能在当前 Revit 项目运行，在其他 Revit 项目中无法运行；如果要在另一个 Revit 项目中运行，需要关闭当前 Dynamo 文件，重新在需要运行的 Revit 项目界面重新再打开一次。

1.11 例题 10：应用 Dynamo 批量放置线性植被

1. 解题思路

用 Revit 进行道路景观设计时，不可避免地会有在道路两旁批量放置树木等重复性工作；更重要的是，道路是一条空间曲线，工作量及其准确性不容小觑。例题 9 是在体量环境中运行 Dynamo 脚本文件，而本题则是在项目环境中运行。

读取 Revit 项目中放置树木路径的空间曲线，并在 Dynamo 中进行等分处理，最后将 Revit 中的树族放在对应的等分点上（图 1-94）。

依然沿用例题 9 的思路，从结果（终节点）出发，逆向寻找节点。

图 1-94

2. 知识点

- Family Instance. ByPoint
- Family Types
- Select Model Element
- Element. Geometry
- Curve. PointAtParameter
- Integer Slider
- Dynamo 播放器

3. 例题详解

在 Revit 项目环境中，创建一个内建体量，用"通过点的样条曲线"命令，创建两条空间曲线，分别模拟放置不同树木的路径；如图 1-95 所示。

图　1-95

首先明确，最终目的是实现在 Revit 中放置族构件。

切换至 Dynamo 界面。因为涉及与 Revit 的交互，且需要按特定要求放置族实例，所以在 Revit→Elements（图元）→FamilyInstance（放置族）中寻找，如图 1-96 所示。需要按等分点放置族构件，FamilyInstance. ByPoint（通过点放置族）节点即符合要求。

图　1-96

如图 1-97 所示，FamilyInstance. ByPoint（通过点放置族）节点需要输入两个参数：

（1）需要放置的族构件。

（2）等分点。

接下来问题的关键便是解决这两个输入端口。

familyType（族类型）需要选择已经载入项目中的

族，这里按族类型进行选择。在 Revit 下的 Selection（选择）中寻找目标节点，如图 1-98 所示；

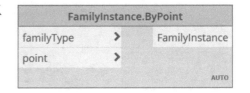

图　1-97

很显然 Family Types（族类型）节点便是。

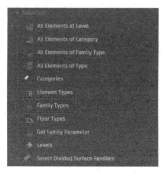

图 1-98

选择项目中已载入的"白杨 3D"，并连接 FamilyInstance. ByPoint（通过点放置族）节点，如图 1-99 所示。

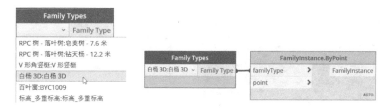

图 1-99

最后便是解决 point（点）的问题。

首先，读取 Revit 中的图元信息到 Dynamo。其次，在 Dynamo 中处理完成后再次将其导入 Revit。由于两条路径上的树木种类可能不一样，这里需要分别处理两条路径。

选择路径，同样在 Revit 下的 Selection（选择）中寻找。

如图 1-100 所示，Select Model Element（选择 Reivt 实体图元）节点是选择 Revit 中的图元；Select Model Elements（选择 Reivt 实体图元）节点则是框选 Revit 中的多个图元。

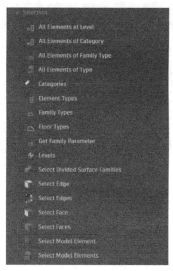

图 1-100

选择 Revit 中的图元，其 Element（图元）后的数字便是 Revit 中图元的 ID 号，表示已被选择，如图 1-101 所示。

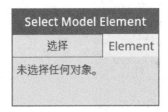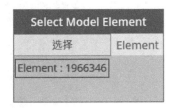

图　1-101

获取 Revit 图元信息到 Dynamo，这样才能在 Dynamo 中处理。

利用 Revit→Elements（图元）中的 Element. Geometry（获取 Revit 图元的几何图形）节点便可将图元几何信息读取到 Dynamo 中，如图 1-102 所示。

连接节点后，便可以在 Dynamo 中看见 Revit 的图元信息，如图 1-103 所示。

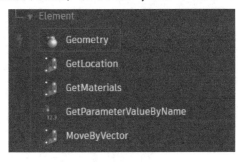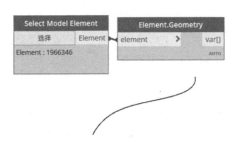

图　1-102　　　　　　　　　　　　　图　1-103

在曲线上找等分点，则回到了 Dynamo 自身的问题。

利用 Geometry（几何学）→Curves（线）→Curve（线）中的 Curve. PointAtParameter（获取曲线参数处的点）节点，按曲线位置参数取点（图1-104）。

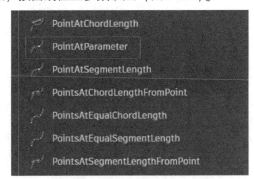

图　1-104

这里为了更加灵活，可以将等分的个数设置成数字（整数）滑块，如图 1-105 所示。同时，在 Curve. PointAtParameter（获取曲线参数处的点）节点上单击鼠标右键，将连缀改为最长（连缀在后续章节中将单独讲解）。

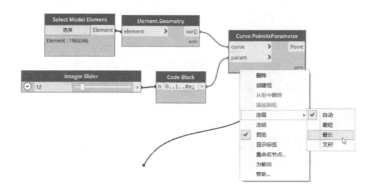

图　1-105

接入 FamilyInstance. ByPoint （通过点放置族）节点，便完成了一条路径的布置，如图 1-106 所示。

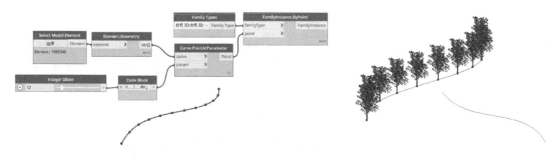

图　1-106

选择另一条路径，改变树的类型和等分点个数，运行脚本，如图 1-107 所示。这时候发现，原来已经完成的路径上的树却没有了，也就是说，脚本只能被执行一次。

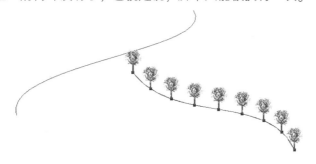

图　1-107

为了解决这个问题，需要引入 Dynamo 播放器。

将上述完成的节点文件保存，命名为"批量放置线性植被 . dyn"。

"管理"→"可视化编程"中的"Dynamo 播放器"，如图 1-108 所示。

图　1-108

Dynamo 播放器在使用前还需要进行设置：将此节点文件的 3 个输入端口均勾选上"是输入"，如图 1-109 所示。

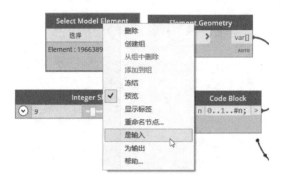

图　1-109

启动 Dynamo 播放器，打开"查看当前文件夹"，将之前写的 Dynamo 脚本文件放在里面，并单击刷新按钮，如图 1-110 所示。

单击运行"批量放置线性植被"脚本文件，可以对三个输入端进行操作。这样运行脚本更加方便，不需要再打开 Dynamo 脚本文件，如图 1-111 所示。此时便完成了批量放置线性植被的工作。

图　1-110

图　1-111

1.12　例题 11：应用 Dynamo 批量放置阶梯座椅

1. 解题思路

如图 1-112 所示，根据要求创建 5 行 7 列的阶梯座椅。要达到这个效果，需要两个步骤：

（1）在 Revit 中按要求插入座椅。

（2）让每行座椅 Z 轴方向发生偏移。

涉及 Revit 中构件的调用，很容易就可以想到前面讲的 FamilyInstance. ByPoint（通过点放置族）这个节点。有关方向的问题，回顾已有的数学知识，可以猜到和向量有关。

2. **知识点**

- 连缀
- Geometry. Translate （direction）
- Vector. ByCoordinates
- List. Transpose

3. **例题详解**

生成 5 行 7 列的点阵，并将其输

图　1-112

入 FamilyInstance. ByPoint （通过点放置族）节点即可完成阶梯座椅的放置。

接下来主要研究如何生成点阵。

假定间距为 2 个单位，Revit 中的项目单位为 "m"，这样 X 方向需要有 7 个点，Y 方向需要有 5 个点；结合列表的知识，输入 Point. ByCoordinates （通过坐标系生成点）节点，得到点阵，如图 1-113 所示。

从结果看，7 个 X 坐标只与 5 个 Y 坐标进行了运算。但这并不符合题目要求，符合题目要求的结果应该是 7 个 X 坐标与 5 个 Y 坐标一一运算，形成 35 个点。

这里就要引入连缀的概念。Dynamo 中多数节点都有三种运算方式：最短、最长和叉积。

为了表述更加清楚，创建两组平行的点阵，并用 Line. ByStartPointEndPoint （通过两点生成直线）节点连接两点，让大家更容易理解，如图 1-114 所示。

在最终进行运算的 Line. ByStartPointEndPoint （通过两点生成直线）节点上，单击鼠标右键，分别选择连缀的三种运算方式，观察效果，如图 1-115 所示。

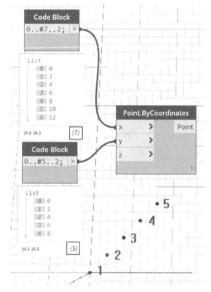

图　1-113

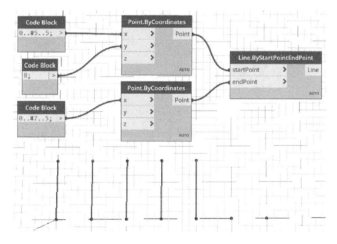

图　1-114

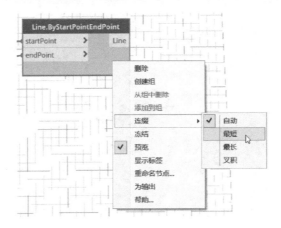

图　1-115

> **📢 提示**
>
> 默认连缀方式为"自动"，而"自动"即为"最短"。

连缀的三种运算效果如图 1-116 所示。具体应用时，可以视项目情况进行选择。

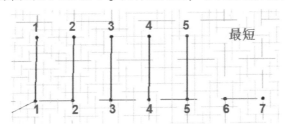

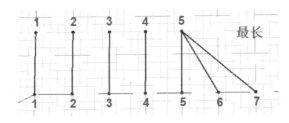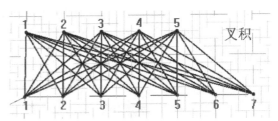

图　1-116

> **📢 提示**
>
> "最短"为按索引序列对应运算，运算到索引长度最短的列表时终止运算。
>
> "最长"为按索引序列对应运算，运算到索引长度最短的列表时，以最短列表的最后一项，与索引长度较长的列表的剩余项，一一运算，以确保索引最长的列表每项数据都有运算。
>
> "叉积"为两列表项一一对应运算，以确保列表的每一项都与其他列表的所有项一一运算。

很明显，5 行 7 列的点阵中，需要使用"叉积"进行处理。运算完成后，切换到 Revit 界面，即完成 5 行 7 列椅子的放置，如图 1-117 所示。

接下来就是处理"阶梯"的问题。

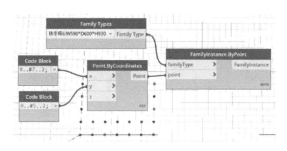

图 1-117

回到 Dynamo 中，对点进行处理（即把点阵处理成阶梯状），最后再在对应点处放置椅子。

对几何图元的处理，选择 Geometry（几何学）→Modifiers（修改）→Geometry（几何学）→Translate（direction）（通过向量移动几何图形）节点，如图 1-118 所示，通过向量移动几何图元。

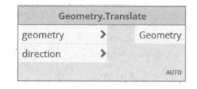

图 1-118

寻找合适的向量，并输入 direction（方向）接口即可。

利用 Geometry（几何学）→Abstract（抽象的）→Vector（向量）→ByCoordinates（通过坐标系生成向量）节点，如图 1-119 所示，根据点创建向量。

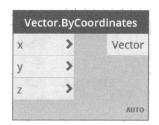

图 1-119

将 5 行点阵沿 Z 轴方向移动一定的距离。

这里假定高度间隔差为 0.5 个单位。创建 5 个间距为 0.5 的列表，接入 Vector. ByCoordinates（通过坐标系生成向量）节点的 z 口，如图 1-120 所示。

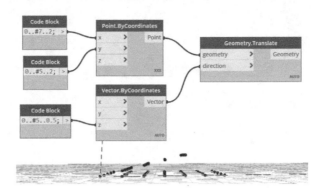

图 1-120

可以看到出问题了，希望的结果是沿 Y 轴方向递增，而目前的结果恰恰相反，是沿 X 轴方向递增，所以只有 5 列。这是因为 Point. ByCoordinates（通过坐标系生成点）节点生成的列表行列分组反了，如图 1-121 所示，此时需要转换行和列。

在线性代数中有行列式的转置，在 Dynamo 中也有这样的节点。

如图 1-122 所示，在 List（列表）→Organize（组织）中选择 Transpose（列表转置），List. Transpose（列表转置）节点用于列表的转置。

转换列表的行与列后，连入原有节点中，即可完成对点的修改，如图 1-123 所示。

将视图切换到 Revit 界面，即可看到完成的 5 行 7 列阶梯座椅，如图 1-124 所示。

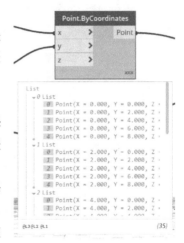

图 1-121

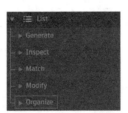

图 1-122

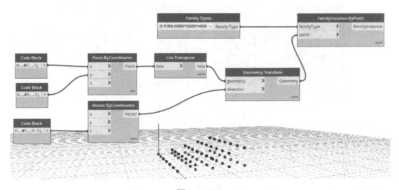

图 1-123

图 1-124

> 🔊 **提示**
>
> 　　应用该脚本放置软件自带的座椅族时，并不能按阶梯放置。是因为软件自带的座椅族默认是基于标高的族，不能设置其标高偏移量。
>
> 　　解决方案：将放置的族更换为可设置标高偏移量的族。应用"公制常规模型"或"公制家具"族样板新建的族均可设置其标高偏移量。

1.13　例题 12：玛丽莲・梦露大厦 Dynamo 解决方案

1. 解题思路

　　玛丽莲・梦露大厦（Absolute Towers）（图 1-125），位于加拿大第七大城市密西沙加市（Mississauga），是一座全曲线的大厦。每一层楼和下一层楼相比都会在水平方向进行不同程度的旋转，最多 8°，具体旋转角度见表 1-1。

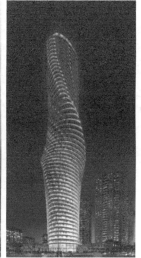

图 1-125　玛丽莲・梦露大厦（Absolute Towers）

表 1-1

影响楼层范围	旋转角度	影响楼层数量
1 ~ 10 层	1°	10 层
11 ~ 24 层	8°	14 层
25 层	0°	1 层

（续）

影响楼层范围	旋转角度	影响楼层数量
26~40 层	8°	15 层
41~50 层	3°	10 层
51~56 层	1°	6 层

在 Revit 体量中，结合自适应的知识可以解决。但是传统体量自适应的方法对软件技术要求较高，不容易掌握，参数化方案体验不好。应用 Dynamo 解决只需根据设计原理，移动（复制）、旋转每一层的椭圆。最后通过在 Dynamo 中创建实体后导入 Revit。要在 Revit 中实现形体的创建，也可以通过 Dynamo 创建每一层的椭圆曲线，再通过 Revit 生成体量。

2. 知识点

- Ellipse. ByOriginRadii
- Geometry. Translate（direction，distance）
- Geometry. Rotate（origin，axis，degrees）
- Watch

3. 例题详解

（1）Dynamo 中创建 56 层椭圆。在 Geometry（几何学）→Curves（线）→Ellipse（椭圆）中选择 Ellipse. ByOriginRadii（通过圆心、a、b 值绘制椭圆）。提前将 Revit 中的"项目单位"改为"m"，在 Dynamo 中设置椭圆的长边、短边分别为 16 个单位和 9 个单位，如图 1-126 所示，创建椭圆的中心默认值为（0，0，0）。

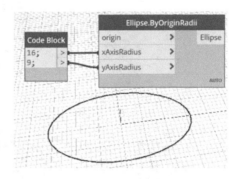

图　1-126

接下来要复制 56 层椭圆，也就是在 Dynamo 中按距离移动复制图元。

在 Geometry（几何学）→Modifiers（修改）→Geometry（几何图形）中，选择 Geometry. Translate（direction，distance）（通过向量方向和距离移动几何图形）节点，如图 1-127 所示。

楼层 3m 即 3 个单位，沿 Z 轴方向移动、复制。在 Geometry（几何学）→ Abstract（抽象的）→

图　1-127

Vector（向量）中选择 Vector. ZAxis（获取 Z 轴单位向量），如图 1-128 所示。连接已有节点，创建 56 层即 57 个椭圆（含首层），如图 1-129 所示。

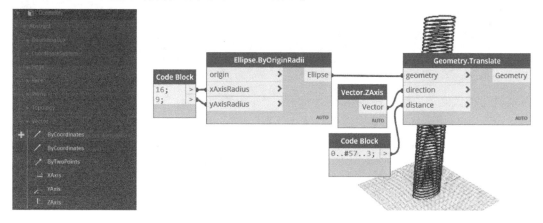

图 1-128   图 1-129

（2）按规律旋转角度，对图元的处理。在 Geometry（几何学）→Modifiers（修改）→Geometry（几何学）中选择 Rotate（origin，axis，degrees）（旋转几何图形）节点，如图 1-130 所示。

图 1-130

由于 origin（原点）没有默认值，故而输入一个（0，0，0）点。"axis"即为 Z 轴方向向量，如图 1-131 所示。

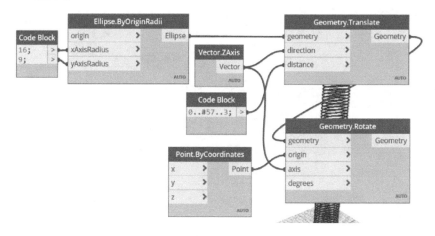

图 1-131

接下来最关键的问题是 degrees（角度）。回顾学过的知识点，这类问题往往转换为对列表的处理，即如何将表 1-1 通过 Dynamo 的列表展现。

1～10 层，每层增加 1°，根据已学的 Code Block 知识点完成列表，如图 1-132 所示。

11～24 层，每层增加 8°。需要注意的是第 11 层是从 "a1" 列表的最后一项即 9° 开始增加的，并非 0°。也就是要将 "a1" 列表的最后一项取出，作为新列表的首项。

在这里教大家一个新的 Code Block 知识点：通过 "a1 [..]" 的形式在 "a1" 列表中取其中的某一项，如 "a1 [3]" 即 "a1" 列表中的第 3 项。

也就是说，最后一项可表示为 "a1 [-1]"，这样就可以 "翻译" 表 1-1 中 11～24 层的内容了，如图 1-133 所示。由于 11 层已经旋转了 8°，所以表示为 "a1 [-1] +8"，利用 Display 中的 Watch 节点进行检查。

图　1-132

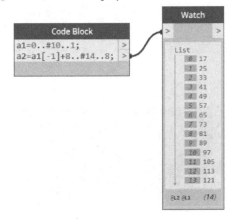

图　1-133

🔊 提示

Watch 节点用于查看运算结果，不影响运算过程。

同理，可以得到如图 1-134 所示列表，再通过 List Create 节点将其变成一个列表。

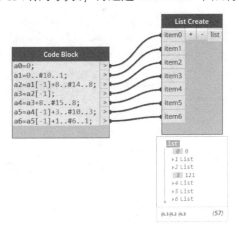

图　1-134

这里需要注意的是，List Create（创建列表）节点生成的是一个二维列表，而 Geometry. Rotate（旋转几何图形）节点生成的是一个一维列表，无法一一对应；因此需要用例题 4 学过的 List. Flatten（列表拍平）节点对列表进行展开。

连接已有节点，便完成了 57 个椭圆的创建，如图 1-135 所示。

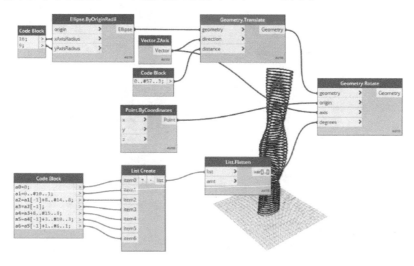

图 1-135

（3）在 Revit 体量中通过模型线来生成实体。通过 Dynamo 在 Revit 中生成 57 个椭圆，再在 Revit 体量中通过模型线来生成实体。Revit 中对点和线有多种类型的区分，见表 1-2。

表 1-2 Dynamo 与 Reivt 的数据格式

	Dynamo 数据格式	Revit 数据格式
点	Point	ReferencePoint（参照点）
线	Curve（Arc，Circle...）	ReferenceCurve（参照线） ModelCurve（模型线）

Revit→Elements→ModeCurve（模型线）→ModelCurve.ByCurve（通过 Dynamo 数据的曲线转换为 Revit 数据的模型线），如图 1-136 所示。

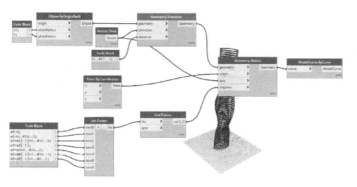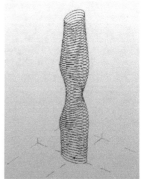

图 1-136

在 Revit 中框选所有模型线，单击"创建形体"，然后选择"实心形状"，这便完成了玛丽莲·梦露大厦体量的创建工作，如图 1-137 所示。

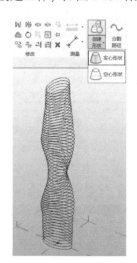 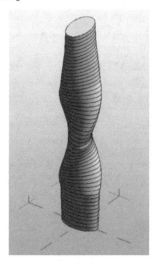

图 1-137

保存文件。

第 **2** 章 Autodesk Dynamo案例应用

本章以真实案例为背景，截取重要知识片段，综合第一章讲解的知识点，讲述其解决方案，供读者参考。本章对于列表处理、使用级别、坐标系、向量等重要知识点进行了详细的讲解。学习 Dynamo 软件，解决问题的思维逻辑相比于 Dynamo 节点自身更为重要，希望读者反复阅读理解。

本章最后，综合之前所有知识点来讲述一个完整的市政桥梁解决方案，其解决问题的思维逻辑在建筑工程许多领域均适用。与此同时，补充一个外部节点库，以满足企业族库的管理工作。

2.1 案例 1：幕墙嵌板编号

1. 案例背景

随着装配式建筑的发展日益成熟，预制构件的运输、吊装、定位、施工等过程，均需要根据施工工艺顺序提前对构件进行编码。预制构件的数量多且烦琐，人为因素的影响会产生编码错误和重复劳动；同时构件的编码又有一定的规则，利用这一逻辑，借助于 Dynamo 软件可进行快速准确的编码工作。

本案例以幕墙嵌板为例进行简单的讲解，实现快速自动编码，如图 2-1 所示。

21	22	23	24	25
16	17	18	19	20
11	12	13	14	15
6	7	8	9	10
1	2	3	4	5

图 2-1

2. 解决方案

选择幕墙嵌板→根据幕墙嵌板数量生成编码列表→将生成的编码按顺序依次为每个幕墙嵌板参数赋值。

3. 案例知识点

- Dynamo 与 Revit 的数据交互
- Revit 数据写入
- Dynamo 列表过滤
- Categories
- All Elements of Category
- All Elements of Family Type
- GetParameterValueByName
- Element. SetParameterByName

- String
- List. List. FilterByBoolMask
- FamilyType. Name

4. 案例详解

（1）选择幕墙嵌板族实例。打开案例文件，进入 Dynamo 界面。

利用 Dynamo 与 Revit 的数据交互，在 Dynamo 中选择 Revit 的构件。选择元素的节点在 Revit 下的 Selection（选择）里，如图 2-2 所示。

Selection（选择）中又有多种选择方式，结合最初的解决方案，通过 Categories（族类别）、All Elements of Category（选择项目中该族类别的所有族实例）节点对，在项目中获取"幕墙嵌板类别"的所有族实例。

在 Dynamo 中，对于族类别、族、族类型、族实例都有着如图 2-3 所示的对应关系。

图　2-2

结合对应关系，找到了 Categories（族类别）这个节点，但最终目的是要对这个类别下的所有幕墙嵌板族实例进行编码，所以需要提取该类别的所有族实例，也就是选择 All Elements of Category（选择项目中该族类别的所有族实例）这个节点，使之连成一组，如图 2-4 所示。

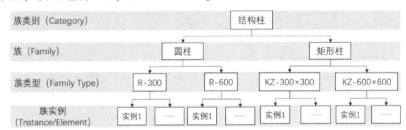

图　2-3

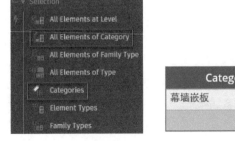

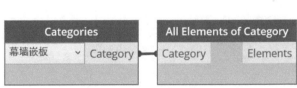

图　2-4

（2）设置幕墙嵌板族实例参数。有一对节点常用于 Revit 构件参数信息数据的读取与写入，分别是 Revit→Elements（Revit 图元）→Element（族实例）中的 GetParameterValueByName（根据参数名获取参数的值）和 SetParameterByName（根据参数名设置参数的值），如图 2-5 所示。

图 2-5

　　而在本项目中，需要 Element. SetParameterByName（根据参数名设置参数的值）这个节点，如图 2-6 所示。根据节点的输入信息，需要对哪个族实例（element）的哪个参数（parameter-Name）设置什么值（value）。

　　幕墙嵌板的编码信息一定要写入一个实例参数，而不是类型参数。

　　在这里暂定将编码信息写入"注释"这个参数，当然也可以创建一个单独的项目实例参数用于存储编码信息。参数（parameterName）需要连接一个字符串，即 Input（输入）→Basic（基础数据）→String（字符串）节点，如图 2-7 所示。

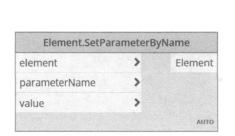

图 2-6　　　　　　　　　　　　图 2-7

根据现有节点和逻辑，先尝试连接现有节点，如图 2-8 所示。

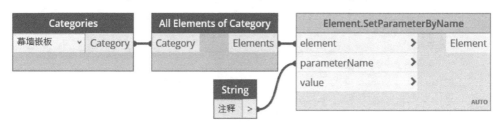

图 2-8

（3）幕墙嵌板编码。对于幕墙嵌板的编码，需要根据嵌板的总数 n，生成一个 1~n 的数列（列表），然后将值赋到"注释"这个参数里。

这是一个关于列表的问题，在 List（列表）下找到 Count（获取列表项数）节点来统计嵌板族实例的总数。通过简单的 DesignScript 语言，利用 Code Block 节点，生成一个 1 ~ n 的列表，如图 2-9 所示。

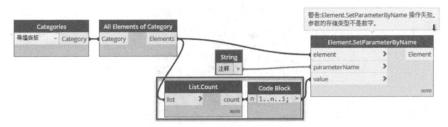

图　2-9

运行之后系统会报错，这是由于数据类型的不对应，这也是常见的错误。

要保证接收数据类型的正确性。Value（值）接收的数据类型是 string（字符串），所以找到 String from Object（将对象类型转化为字符串）节点，将对象转化为字符串，如图 2-10 所示。

这样便实现了对幕墙嵌板的编码，如图 2-11 所示。

图　2-10

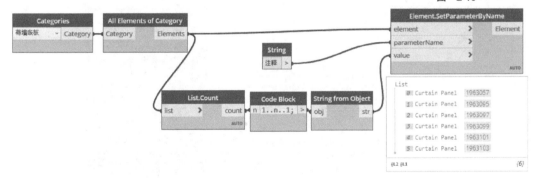

图　2-11

可以结合标记族对编码进行检查，如图 2-12 所示。

21	22	23	24	25
16	17	18	19	20
11	12	13	14	15
6	7	8	9	10
1	2	3 →	4	5

图　2-12

通过观察测试发现，Dynamo 会根据幕墙绘制的起点、终点确定编码 1 的起点位置。同时也会根据幕墙嵌板的层数按从左到右递增的规律进行编码。默认情况下，构件编码顺序是按照放置在项目中的先后顺序编码。

5. 案例拓展

在项目实际应用中，同一个项目有多种幕墙嵌板类型，以上根据族类别选择族实例方法，将一次性选择所有幕墙嵌板族实例，不能实现根据幕墙嵌板族类型，分别编码应用。如图 2-13 所示，同一项目中有点爪式幕墙嵌板和玻璃嵌板两种。

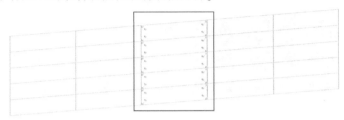

图 2-13

根据族类别、族、族类型、族实例的层级关系，也可以通过选择族类型实现对构件的选择，如图 2-14 所示。结合对应关系，找到了 Family Types（族类型）这个节点，但最终目的是要对这个类型下的所有幕墙嵌板族实例进行编码，所以需要提取所有类型的族实例，也就是选择 All Elements of Family Type（在项目中获取该族类型的所有构件）这个节点，使之连成一组。

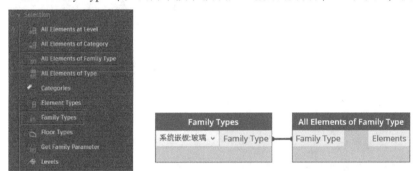

图 2-14

根据以上内容及所学知识，读者自行补充完善脚本。

6. 脚本优化

在项目实际应用中，幕墙嵌板下料生成是根据施工组织计划按进度按需下料，可能会要求按楼层或按朝向分别给幕墙嵌板类型编码。

通过族类别、族类型选择构件的方法只能实现选择所有族类型或族类别实例，且需要用户对 Revit 中的属性有清楚的认识，并不能实现按楼层或按分区朝向过滤编码；最好能采用直接框选构件的方法，再将族类型名称作为过滤的判断依据，最后分别编码。

（1）框选族实例。利用 Revit→Selection（选择）→Select Model Elements（选择 Revit 图元实例），选择多个构建元素。Select Model Element（选择 Revit 图元实例）用于选择一个构件元素，如图 2-15 所示。

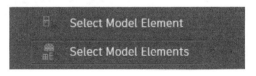

图 2-15

（2）读取族类型名称。因为要使用族类型名称作为过滤的判断依据，所以需要读取 Revit

中框选的族实例名称。在 Revit→Elements（Revit 图元）→FamilyType（族类型）中选择 Name（查询族类型名称）节点，如图 2-16 所示。

 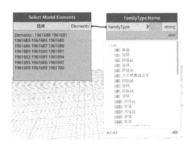

图 2-16

（3）过滤族类型。Dynamo 的数据处理都是对列表的处理，接下来需要找一个过滤的节点。

在 List（列表）里找到两个过滤节点：Filter（通过函数条件过滤）和 FilterByBool-Mask（通过布尔条件过滤），如图 2-17 所示。本案例将讲解 List. FilterByBoolMask（通过布尔条件过滤）节点的使用。

List. FilterByBoolMask（通过布尔条件过滤）节点需要对列表进行布尔判断。那么判断的依据是什么？根据族类型名称是否等于"玻璃"或"点爪式幕墙嵌板"进行 true（真值）和 false（假值）的判断，如图 2-18 所示。

 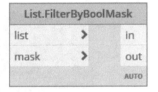

图 2-17   图 2-18

如何建立两者的逻辑判断联系？

筛选出框选构件里族类型名称等于"玻璃"或"点爪式幕墙嵌板"的构件，并通过布尔运算判断连接 FilterByBoolMask（通过布尔条件过滤）节点的 mask（过滤布尔列表）。在这里介绍 Math（数学）→Operators（运算符）→"=="节点，该节点用于判断两个端口的输入值是否相等，并输出布尔值 [true（真值）和 false（假值）]，如图 2-19 所示。注意对比数据信息格式的一致性，同类才能比较。

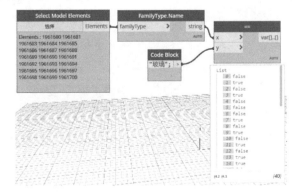

图 2-19

框选元素列表，通过 List. FilterByBoolMask（通过布尔条件过滤）节点，按 true（真值）和 false（假值）的逻辑判断，分别从 in 和 out 输出结果，如图 2-20 所示。

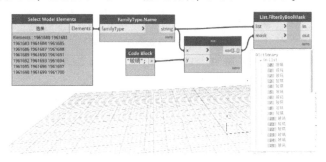

图 2-20

这里需要注意的是，要得到 Revit 中族类型名称为 "玻璃" 的元素，需要将 "Elements"（Revit 图元）接入 List. FilterByBoolMask（通过布尔条件过滤）节点的 "list"（列表），而不是接入族类型名称，如图 2-21 所示。

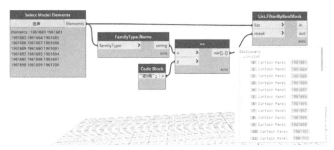

图 2-21

（4）编码。如果要对不同类型的幕墙嵌板设置不同的前缀，如朝向分区等，直接用 " + " 连接即可。结合解决方案中的知识点，完成剩下的内容，如图 2-22 所示。保存文件。

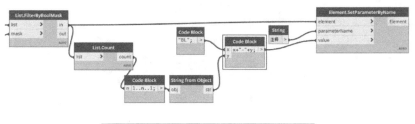

BL-21	BL-22	DZS-5	BL-23	BL-24	BL-25
BL-16	BL-17	DZS-4	BL-18	BL-19	BL-20
BL-11	BL-12	DZS-3	BL-13	BL-14	BL-15
BL-6	BL-7	DZS-2	BL-8	BL-9	BL-10
BL-1	BL-2	DZS-1	BL-3	BL-4	BL-5

图 2-22

能不能按照设定的要求或路径进行编码?

2.2 案例2：地下车位按设计路径自动排序编码

1. 案例背景

在 BIM 施工应用中，地下车位优化的前提是根据设计指定路径给车位编码。手动给车位编码的工作较为烦琐，编码方案也会随着设计行车路线的变化而变化，这使得工作量成倍增加。应用 Dynamo 自动给地下车位编号，高效准确。

案例 1 中讲解了给构件编码的方法，但是没有提及编码的顺序；默认的编码规则是构件生成的先后顺序，如果需要自定义编码规则顺序，案例 1 的知识点显然不够，本案例着重讲述按设计路径编码。

2. 解决方案

根据设计行车路线，通过绘制样条曲线表示该行车路线。选择需要编码的车位，获取距该样条曲线上最近的车位；然后将车位根据样条曲线的绘制方向排序，并按行车路线编码，即获取沿样条曲线放置车位的编码；最后将编码写入构件的"注释"实例参数中。

3. 案例知识点

- NurbsCurve. ControlPoints
- Geometry. ClosestPointTo
- Curve. ParameterAtPoint
- PolyCurve. ByPoints
- List. SortByKey

4. 案例详解

（1）项目前期准备。首先打开案例文件，项目中已经放置了一系列车位；然后用模型线绘制一条样条曲线比拟的车位的编码顺序，如图 2-23 所示，按图示箭头顺序由小到大编码。

注意绘制样条曲线的方向：样条曲线的起始点为编码的起点。本案例编码顺序是从左下角到左上角，因此绘制样条曲线时，要以左下角为起点绘制蛇形线。

回顾第 2.1 节"案例 1 幕墙嵌板编号"所学知识点，运用 Element. SetParameterByName（根据参数名设置参数值）节点，将最终处理的编码数据，写入构件的"注释"实例参数中。

进入 Dynamo 界面，应用节点对 Categories（族类别）和 All Elements of Category（选择该族类别的所有族实例），按类别选择车位。

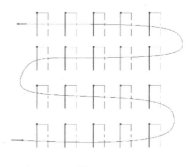

图 2-23

🔊 提示

如果车位所属类别有其他构件，可以参照案例 1 的方法，通过 All Elements of Family Type（在项目中获取该族类型的所有构件）这个节点来选择所有车位。

应用节点对 Select Model Element（选择 Revit 实例）和 Element. Geometry（获取 Revit 图元

的几何图形)，选择样条曲线。

(2) 获取车位在样条曲线上的对应点。要按路线先后来排序，需要找到车位对应于样条曲线上的点，然后对这些点进行排序即完成对车位的排序。而车位对应于样条曲线上的点，可以提取车位的插入点，并通过节点找到样条曲线上距离此插入点最近的点。

首先提取构件的插入点，利用 Revit→Elements（Revit 图元）→Element（实例）→GetLocation（获取族实例位置）节点，如图 2-24 所示。

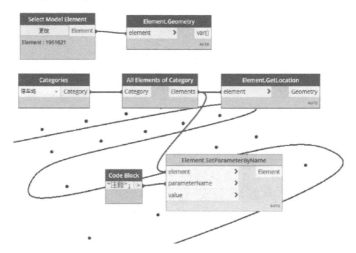

图　2-24

然后在曲线上找到车位插入点距离曲线最近的点，在 Geometry（几何学）→Modifiers（修改）→Geometry（几何图形）中选择 ClosestPointTo（获取距离另一几何图形最近的点），Geometry. ClosestPointTo（获取距离另一几何图形最近的点）节点用于找到距图元最近的点，如图 2-25 所示。

这里需要注意的是，Geometry. ClosestPointTo（获取距离另一几何图形最近的点）节点的连缀应该设置为"最长"或者是"叉积"，如图 2-26 所示。

图　2-25

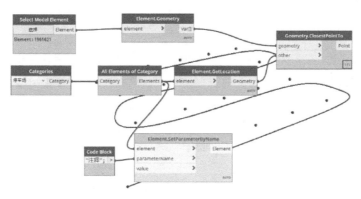

图　2-26

运行之后结果并不对，如图 2-27 所示，Geometry. ClosestPointTo（获取距离另一几何图形最近的点）节点在曲线上所获取的最近距离的点，全部是曲线的起点和终点位置。

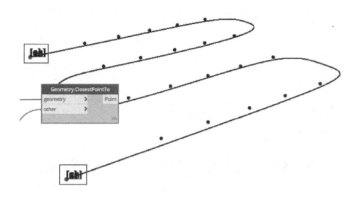

图 2-27

样条曲线作为一个整体存在，对最近点的判定产生干扰，此时需要优化节点。

样条曲线由多个控制点生成，可以找到控制点，并将其重新连线，从而再判断取点。在 Geometry（几何学）→Curves（线）→NurbsCurve（样条曲线）中选择 ControlPoints（获取样条曲线的控制点），NurbsCurve. ControlPoints（获取样条曲线的控制点）节点用于找到样条曲线的控制点，如图 2-28 所示。

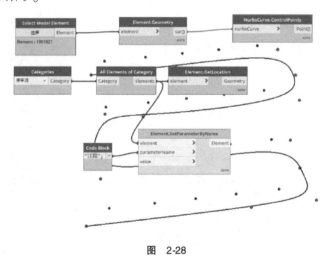

图 2-28

控制点找到之后，利用 PolyCurve（复合曲线）节点连接各点，并生成多段线曲线。

PolyCurve（复合曲线）一般是指多段线或者多重曲线，由多条曲线拼接而成。在 Geometry（几何学）→Curves（线）→PolyCurve（复合曲线）中选择 ByPoints（通过点形成多段线），利用 PolyCurve. ByPoints（通过点形成多段线）节点串联各控制点，生成多段线曲线；然后利用 Geometry. ClosestPointTo（获取距离另一几何图形最近的点）节点进行最近距离的取点，如图 2-29 所示。

（3）编码和多段线曲线上的点一一对应。由于是多段线组成的一条曲线，回顾 Curve. PointAtParameter（获取曲线上参数处的点）节点，可以考虑反过来，确定点在曲线上的

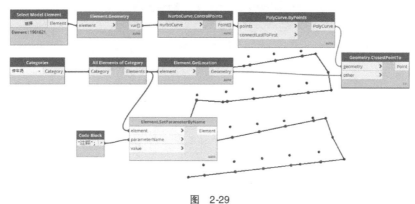

图 2-29

位置参数, 最后根据位置参数进行排序。

在 Geometry (几何学) →Curves (线) →Curve (线) 中选择 ParameterAtPoint (获取曲线上点的参数), 连接已有节点, 如图 2-30 所示。同样, Curve. ParameterAtPoint (获取曲线上点的参数) 节点的连缀也应该设置为 "最长" 或者是 "叉积"。

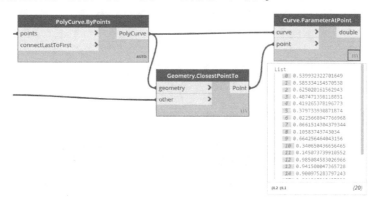

图 2-30

Curve. ParameterAtPoint (获取曲线上点的参数) 节点输出的是位置参数, 通过 [0, 1] 的取值来表示曲线上的位置, 这样就可以按位置参数对构件进行排序。List (列表) →Organize (组织) 下有多种排序节点, 这里使用 List. SortByKey (根据关键字给列表排序) 节点, 如图 2-31 所示。

最终需要排序编码的是构件, 即车位族。所以 List. SortByKey (根据关键字给列表排序) 节点中的排序

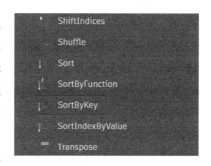

图 2-31

列表是 All Elements of Category（获取项目中该族类别的所有构件）中的元素，排序的关键字即为 Curve. ParameterAtPoint（获取曲线上点的参数）节点的位置参数，如图 2-32 所示。

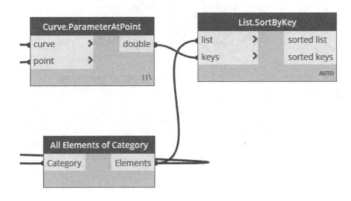

图　2-32

List. SortByKey（根据关键字给列表排序）节点输出的"sorted list"（排序列表）即为已按关键字排序后的图元。

（4）生成编码数据。应用节点 List. Count（列表项数）获取车位的总数；然后再通过 Cold Block 节点获取编码数列（起始为 1，间隔为 1），如图 2-33 所示。

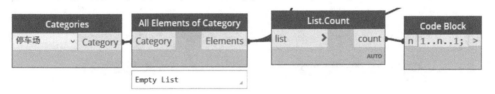

图　2-33

参照案例 1，增加一个格式转换节点 String from Object（将对象类型转化为字符串），如图 2-34 所示。

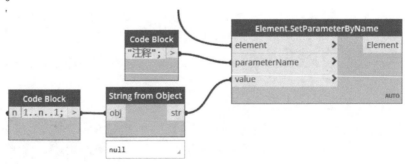

图　2-34

结合 Element. SetParameterByName（根据参数名设置参数值）节点的相关知识，便完成了车位的编码工作，如图 2-35 所示。

完成后，制作一个车位所属类别的标记族，标签为"注释"；将标记族载入项目中，通过命名"全部标记"对已经编码后的车位进行标记，检查编码是否正确，如图 2-36 所示。

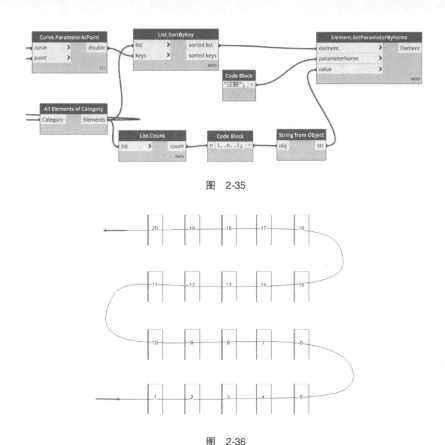

图 2-35

图 2-36

2.3 案例 3：自定义施工编码

1. 案例背景

建设工程项目管理过程中，为满足不同参建单位间的协同工作或对不同维度构件的施工管理应用，有些施工管理平台要求对 BIM 模型中的构件进行编码。编码规则一般是由不同字段名称缩写加连接符构成，例如按"楼层_构件规格_构件类型_构件定位_顺序码"进行编码。编码的工作量非常巨大，但编码规则又具有一定逻辑性，因此可以利用 Dynamo 进行批量处理。本案例将把最终组合的构件编码信息写入 Revit 模型构件的"标记"实例参数中。

2. 解决方案

编码字段中的所有信息就是族的各个参数值通过连接符连接而形成的组合，如"楼层_构件规格_构件类型_构件定位_顺序码"。通过 Dynamo 数据处理，可以将模型构件中的各类信息提取出来并组合使用。涉及构件信息的读取和写入，需要用到 Element. GetParameterValueByName（根据参数名获取参数值）节点和 Element. SetParameterByName（根据参数名设置参数值）节点。本案例以结构柱为例。

提取构件信息→按要求格式组合字段并生成编码→写入构件实例参数"标记"。

3. 案例知识点

● Element. GetParameterValueByName

- Element. SetPatameterByName
- FamilyType. Name
- FamilyType. ByName

4．案例详解

（1）编码要求。打开 Revit 案例文件，项目中已经绘制了一系列分属于不同楼层且不同类型的结构柱。

提取结构柱的构件信息，按"楼层_构件规格_构件类型_构件定位_顺序码"的格式组成编码，再写入结构柱。

"楼层"即为标高信息，在 Revit 中可以读取结构柱的实例参数"底部标高"；"构件规格"即为类型名称，如"HM298×201×9×14"；"构件类型"即为类型参数"类型注释"的相关信息；"构件定位"即为实例参数"柱定位标记"；构件"顺序码"在 Revit 中并没有，根据本章案例 2 的相关知识，按要求排序，并写入实例参数"注释"或其他空白参数里，最后再提取使用即可，如图 2-37 所示。

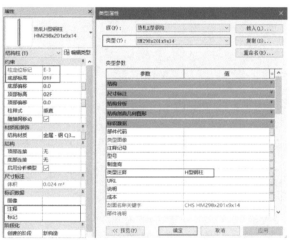

图 2-37

（2）设置顺序码。进入 Dynamo 编辑界面，按类别选择所有结构柱构件，结合之前学的知识，先随机排序，然后用 Element. SetPatameterByName（根据参数名设置参数值）节点将顺序码写入结构柱构件的实例参数"注释"中，如图 2-38 所示，这样便完成了简单顺序码的写入工作。

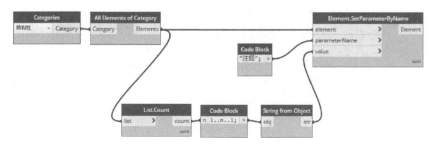

图 2-38

（3）获取编码标高字段。接下来提取"底部标高"作为楼层信息字段：读取构件信息使用 Element. Get Parameter Value By Name（根据参数名获取参数值）节点，如图 2-39 所示。

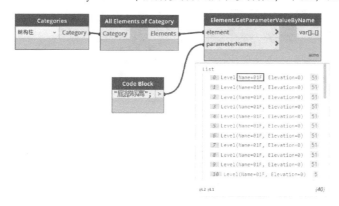

图 2-39

提取出来的"底部标高"有名称和标高值两个信息，这里只需要标高的名称。在 Revit→ Elements（Revit 图元）→ Level（标高）→ Name（获取标高名称），如图 2-40 所示。通过 Level. Name（获取标高名称）节点便能提取标高名称。

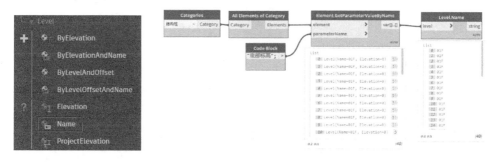

图 2-40

（4）获取编码标高及顺序码数据。同样的方法，提取实例参数"柱定位标记"和刚刚写入实例参数"注释"里的顺序码，如图 2-41 所示。

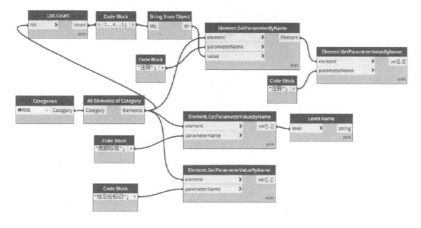

图 2-41

（5）获取类型参数值。继续往下做会发现，同样的方法对"类型注释"的信息提取无效，如图 2-42 所示。

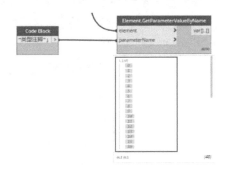

图 2-42

这是因为在 Revit 中"类型注释"属于类型参数，区别于"注释""柱定位标记"等实例参数，它代表一类构件的属性，不能直接从族类别这个层级即 All Elements of Category（在项目中获取该族类别所有构件）节点中提取。类型参数和实例参数是 Revit 中相对重要的概念，通过 Dynamo 操作 Revit，需要熟悉 Revit 的属性。

对于 Revit 中类型参数信息的读取或写入，需要先通过数据处理，得到 FamilyType（族类型）或 ElementType（实例类型）结果后，再进行参数读取或写入。

如图 2-43 所示，先通过 FamilyType. Name（获取族类型名称）节点获取 elements（Revit 图元）族类型名称，再通过族类型名称获取族类型。

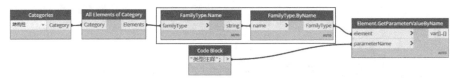

图 2-43

在 Revit→Elements（Revit 图元）→FamilyType（族类型）中选择 Name（获取族类型名称），先通过 FamilyType. Name（获取族类型名称）节点提取元素的类型名称，再用 FamilyType. ByName（根据名称获取族类型）节点返回族类型，如图 2-44 所示。看上去节点重复，实际上是先在族类别的层级下找到这类构件，然后再进行处理。

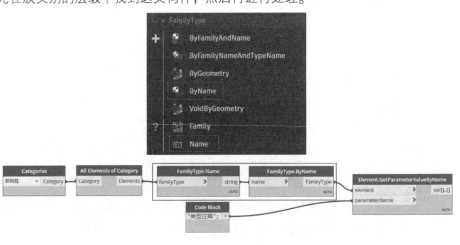

图 2-44

（6）自定义编码。连接已有节点，现在只需要将信息按"楼层_构件规格_构件类型_构件定位_顺序码"的格式串联起来即可。

在之前的章节中已经讲过如何使用 Code Block 节点将字符串相加，读者可以自行尝试，如

图 2-45 所示。

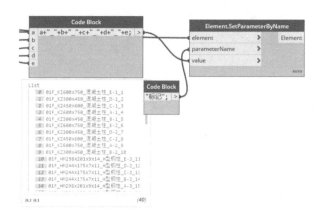

图　2-45

最后通过 Element. SetParameterByName（通过参数名设置参数值）节点将信息录入构件，这便按要求格式完成了编码工作。读者可以尝试通过 Data. ExportExcel（将数据导入到 Excel）节点将编码数据再写入 Excel 表格。

2.4　案例 4：根据坐标数据自动放置幕墙嵌板

1. 案例背景

Revit 中自适应常规模型族的功能非常强大，在幕墙施工 BIM 应用中，特别是针对异形幕墙嵌板的施工下料，非常便捷。利用 Dynamo 软件，按幕墙嵌板坐标放置自适应族，精确地创建 BIM 模型，为后续 BIM 落地应用打下基础。

本案例幕墙有三类异形嵌板：三角形、四边形和五边形，如图 2-46 所示。这里通过处理坐标数据，放置自适应嵌板族，精细化建模。

2. 解决方案

读取 Excel 数据→处理列表数据→按坐标放置自适应构件。

3. 案例知识点

- AdaptiveComponent. ByPoints
- File Path
- File From Path
- Data. ImportExcel
- List. Transpose

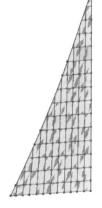

图　2-46

4. 案例详解

（1）原始数据处理并导入 Dynamo。首先通过 CAD 处理图样数据，提取信息。因为有三类异形嵌板，所以需要将这三类嵌板的各角点空间坐标，分别用 Excel 表格进行梳理，方便读取数据；本书的案例附件中已经给大家处理好了三角形、四边形和五边形幕墙嵌板的坐标数据，读者可以直接使用。

其次，打开案例项目，然后切换到 Dynamo 界面。

读取或写入 Excel 表格数据是项目中常见的方法，这里读取或写入表格文件的节点格式也基本固定，在其他项目中均可以使用。如图 2-47 所示，在 ImportExport（导入导出）下的 Date（数据）中有 Excel 和 CSV 文件的读、写节点，这里需要使用到 Data.ImportExcel（将 Excel 数据导入 Dynamo）节点。

输入 Excel 文件到 Data.ImportExcel 节点中，并告知程序具体要读取的是文件中的哪个"工作表"。在 ImportExport 下的 File System（文件系统）中有这样一组节点，分别是 File Path（读取文件路径）节点和 File From Path（读取路径下的文件）节点，如图 2-48 所示。

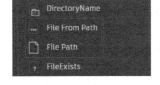

图 2-47　　　　　　　　图 2-48

读取表格信息，结合 Data.ImportExcel（将 Excel 数据导入 Dynamo）节点的相关知识，完成数据读取，如图 2-49 所示。

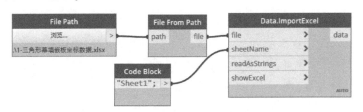

图 2-49

（2）按要求处理数据。接下来需要对数据进行处理，即对 List 列表进行处理。以三角形嵌板为例，每一个三角形嵌板的位置由三个空间点（坐标）确定。找到所有三角形嵌板的角点坐标，每三个点为一组数据，形成如图 2-50 所示的二维列表，根据这样的列表才能对应放置三点自适应族。

通过 List.RestOfItems（删除列表第一项）节点去掉表头数据。以第一个三角形嵌板数据为例，第 0 项为序号，其后每三项为一组数据，即一个点坐标的 x、y、z 坐标值（图 2-51）。

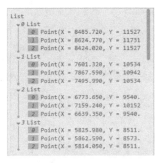

图 2-50　　　　　　　　图 2-51

第 1.12 节中有过类似数据处理，通过转置 List. Transpose （互换列表行和列） 节点或 List. GetItemAtIndex （根据列表索引获取项） 节点来提取有用数据；这里采用转置列表的方法提取数据，不再详述，生成所有三角形嵌板的空间点，如图 2-52 所示。

列表的处理是为了更好地放置三点自适应族，而不只是生成点。要实现图 2-50 所示二维列表的目标，还需要再次使用 List. Transpose （互换列表行和列） 节点进行转置，如图 2-53 所示，这便实现了以每个三角形嵌板为单位的分组。

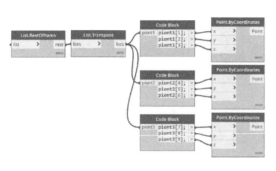
图 2-52

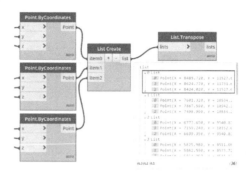
图 2-53

（3） 根据二维点数据放置自适应幕墙嵌板。点的数据已经处理好，接下来就放置自适应族。对 Revit 中自适应族的操作，在 Revit→Elements （Revit 图元） →AdaptiveComponent （自适应构件） 中寻找节点。如图 2-54 所示，AdaptiveComponent. ByPoints （通过二维点列表数据放置自适应构件） 节点便是根据点放置自适应族。

连接已有节点，在 Family Types （族类型） 节点中选择 "三点自适应嵌板族"，运行之后便完成了三角形幕墙嵌板的布置，如图 2-55 所示。

图 2-54

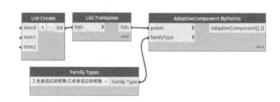
图 2-55

同理，按照以上方法完成四边形和五边形自适应族的放置。

提示1

如果需要同时完成所有自适应族的放置，这里需要使用到 Dynamo 播放器。

提示2

案例文件中包含了需要用的自适应族文件。

2.5 案例5：异形幕墙嵌板坐标提取

1. 案例背景

异形幕墙施工中的难点在于空间定位。如果有准确的 BIM 模型，可以应用 Dynamo 软件自动提取异形幕墙上的任意一点空间坐标，代替人工。在本案例中，要求提取每一块幕墙嵌板的四个角点坐标（图2-56），并将其输入 Excel 表格中。

🔊 提示

概念体量相关知识点可参考《Revit 体量设计应用教程》（柏慕联创 组编）。

2. 解决方案

在项目中，有时可以借助 Revit 的功能，比如替换族。为了提取坐标，可以将族构件放置在要提取坐标的位置，并通过 Dynamo 节点获取族插入点的空间坐标位置，即目标点的坐标，最后将坐标信息提取并写入 Excel 表格。

3. 案例知识点

- Element. GetLocation
- Element. SetPatameterByName

4. 案例详解

（1）构造坐标点标记族。创建一个类别为常规模型的族来标记幕墙嵌板四个角点，族命名为"标记族 . rfa"。勾选"基于工作平面"和"共享"，取消勾选"总是垂直"，这是便于在角点上放置"标记族"，以及能被 Dynamo 所读取，如图 2-57 所示。

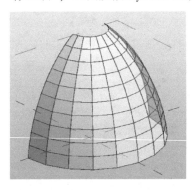

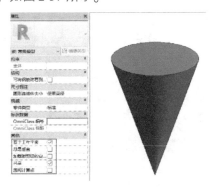

图 2-56   图 2-57

🔊 提示

此标记族的作用是提取幕墙嵌板底部四个点的坐标。幕墙嵌板有六个面八个点，直接将幕墙嵌板坐标导出时，数据会比较混乱。Dynamo 中提取标记族坐标时，提取的是插入点的坐标，因此制作此标记族时要保证底部顶点为族的插入点。

（2）放置坐标点标记族。打开案例文件中的幕墙嵌板族，载入"标记族"，分别设置自适应点的面作为工作平面并按原幕墙嵌板族中自适应点的编号顺序放置族构件；打开案例文件中的体量模型"异形幕墙嵌板坐标提取 . rfa",替换原幕墙嵌板族,结果如图 2-58 所示。

🔊 提示

放置顺序需要与自适应点的编号顺序保持一致。

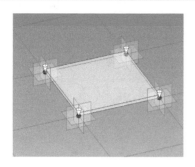 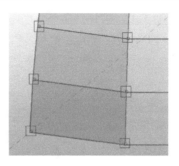

图 2-58

为了便于坐标数据的写入和统计,在幕墙嵌板族中分别创建 X1,Y1,Z1,…,X4,Y4,Z4 共 12 个实例参数,且为共享参数,便于明细表统计,如图 2-59 所示。

🔊 提示

12 个参数分别是四个端点的三个坐标值。

图 2-59

(3)提取坐标点位置数据。进入 Dynamo 编辑界面,读取"标记族",在 Revit→Elements(Revit 图元)→Element(实例)中选择 Get-Location(获取构件位置),Element. GetLocation(获取构件位置)节点用于获取"标记族"插入点的位置,即每块嵌板四个角点的位置,如图 2-60 所示。

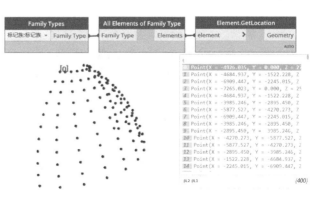

图 2-60

（4）数据处理。通过观察发现，每块嵌板有四个角点，且 Element. GetLocation（获取构件位置）节点是按顺时针即自适应点编号顺序提取。列表中每四项为一组，接下来利用 List（列表）→Modify（修改）下的 List. Chop（将列表分割成指定长度的子列表）节点将该一维列表拆成二维列表，如图 2-61 所示。

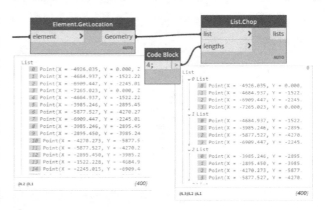

图 2-61

（5）设置对应幕墙嵌板坐标参数。读取体量文件中的幕墙嵌板族，如图 2-62 所示，需要将图 2-61 中的 100 组参数即 400 个坐标，写入 100 个幕墙嵌板族的对应实例参数 X1，Y1，Z1，…，X4，Y4，Z4 中去；这里需要用到 Element. SetPatameterByName（根据参数名设置参数值）节点。

要通过 Element. SetPatameterByName（根据参数名设置参数值）节点分别输入 X1，Y1，Z1……的值，首先要提取 X，Y，Z 值，在 Geometry（几何学）→

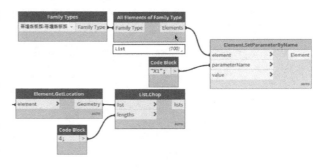

图 2-62

Points→Point，使用 Point. X（获取点的 X 坐标数据）、Point. Y（获取点的 Y 坐标数据）、Point. Z（获取点的 Z 坐标数据）三个节点。

以 Point. X 输出的列表为例，这里每组数据包含 X1，X2，X3，X4。而现在只需要 X1，回忆之前的知识点，使用 List. GetItemAtIndex（根据列表索引获取项）节点和"使用级别"，如图 2-63 所示。

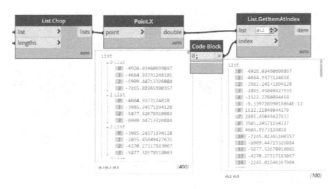

图 2-63

如图 2-64 所示，运行后便完成了所有幕墙嵌板 X1 坐标的提取。要完成所有坐标数据的提取，需要重复 12 次上述数据提取操作。这让节点工作变得烦琐，在后续章节中会讲解脚本语言，可以使用循环语法简化节点。

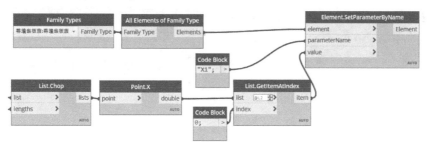

图 2-64

2.6 案例 6：根据外部数据库批量添加参数

1. 案例背景

随着信息化的需要，很多工程项目都需要为构件录入大量的信息，而 Revit 模型中的信息一般都是通过参数的方式添加，这就意味着要给构件一次性添加很多参数。若在创建族时一个一个添加，则工作量巨大且工作内容重复；而如若在项目中添加，则可以借助外部脚本一次性快速添加，减少重复的工作量。

如本章案例 7，项目要求需要在施工编码实例中添加项目管理属性代码、设计（施工）管理属性代码、构件管理属性代码、构件实例属性代码、构件全编码、专业、子专业、二级子专业、构件类别、构件子类别、构件类型等参数。参数表如图 2-65 所示。

序号	项目参数	参数类型	参数分组方式	参数状态
1	项目管理属性代码	文字	文字	实例参数
2	设计(施工)管理属性代码	文字	文字	实例参数
3	构件管理属性代码	文字	文字	实例参数
4	构件实例属性代码	文字	文字	实例参数
5	构件全编码	文字	文字	实例参数
6	专业	文字	模型属性	实例参数
7	子专业	文字	模型属性	实例参数
8	二级子专业	文字	模型属性	实例参数
9	构件类别	文字	模型属性	实例参数
10	构件子类别	文字	模型属性	实例参数
11	构件类型	文字	模型属性	实例参数
12	是否为临时性建筑	是/否	标识数据	实例参数
13	是否为标志性建筑	是/否	标识数据	实例参数
14	消防设计用水量	数值	标识数据	实例参数
15	给水用水量	数值	标识数据	实例参数
16	再生水用水量	数值	标识数据	实例参数
17	废水量	数值	标识数据	实例参数
18	污水量	数值	标识数据	实例参数
19	居住户数	整数	标识数据	实例参数

图 2-65

2. 解决方案

批量添加参数，可以选择在族中添加族参数，也可以选择在项目文件中添加项目参数；由于项目中每个构件都需添加编码等相关参数，所以选择在项目文件中添加项目参数相对方便一些。通过 Parameter. CreateSharedParameterForAllCategories（创建共享参数）节点，在项目中添加项目参数，如图 2-66 所示。

```
Parameter.CreateSharedParameterForAllCategories
parameterName    1    >                    void
groupName        2    >
type             3    >
group            4    >
instance         5    >
                                          AUTO
```

图 2-66

1—参数名，数据类型为 string　2—共享参数组，数据类型为 string　3—参数类型，数据类型为 Revit type

4—参数分组方式，数据类型为 Revit group　5—是否为实例参数，数据类型为 Boolean（True 为实例参数，False 为类型参数）

通过 Data. ImportExcel（将 Excel 数据导入 Dynamo）节点，将参数数据导入并进行数据处理，分别获得参数名称、共享参数组。导入的参数类型和参数分组方式数据为 String 类型，需要通过数据转化为 Dynamo type 和 Dynamo group 类型。最后通过 Parameter. CreateSharedParameter ForAllCategories（创建共享参数）节点批量添加项目参数。

3. 案例知识点

- Dictionary. ByKeysValues
- Dictionary. ValueAtKey
- Parameter. CreateSharedParameterForAllCategories
- Select Parameter Type
- Select Builtln Parameter Group

4. 案例详解

（1）参数数据导入 Dynamo。打开案例文件后，切换到 Dynamo 界面。

应用 Data. ImportExcel（将 Excel 数据导入 Dynamo）节点组，将外部参数数据库导入 Dynamo，并删除多余的第一行数据。完成后脚本如图 2-67 所示。

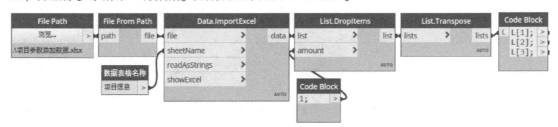

图 2-67

其中 L［1］为项目参数数据，L［2］为参数类型数据，L［3］为参数分组方式，如图 2-68 所示。

0	1	2	3	4
A	B	C	D	E
序号	项目参数	参数类型	参数分组方式	参数状态
1	项目管理属性代码	文字	文字	实例参数
2	设计(施工)管理属性代码	文字	文字	实例参数
3	构件管理属性代码	文字	文字	实例参数
4	构件实例属性代码	文字	文字	实例参数
5	构件全编码	文字	文字	实例参数
6	专业	文字	模型属性	实例参数
7	子专业	文字	模型属性	实例参数
8	二级子专业	文字	模型属性	实例参数
9	构件类别	文字	模型属性	实例参数
10	构件子类别	文字	模型属性	实例参数

图 2-68

（2）设置参数类型。导入的"参数类型"和"参数分组方式"，数据类型均为 String（字符串），需要通过 Select Parameter Type（选择参数类型）节点，将对应的文字类型转化为 Dynamo 能识别的参数类型。参数类型对照如图 2-69 所示。

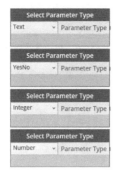

参数类型	对应节点选项名称
文字	Text
整数	Integer
数值	Number
是否	YesNo

图 2-69

（3）构造参数类型字典。构造一个字典，其键为文字类型（即Revit 中的参数类型），值为 Dynamo能识别的参数类型，字典介绍详见"附录4 Dynamo 字典类型"。字典对应关系为｛文字：Text，是否：Yes No，整数：Integer，数字：Number｝，如图2-70 所示。

（4）查找数据对应的参数类型。运用 Dictionary. ValueAtKey（通过键获取字典对应的值）节点，通过参数类型文字（键），查找对应 Dynamo 的参数类型（值）。如图 2-71 所示，其中 L[2] 为导入的参数类型数据。

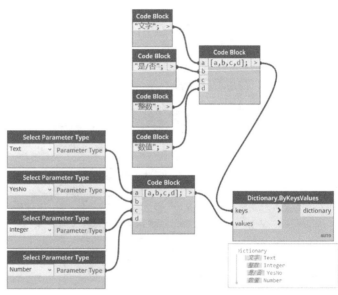

图 2-70

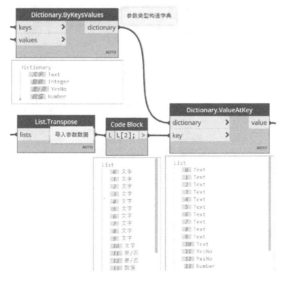

图 2-71

（5）构造参数分组方式字典。同上，构造一个字典，其键为文字类型（即 Revit 中的参数分组方式），值为 Dynamo 能识别的参数分组方式，字典对应关系为 {文字：PG_ TEXT，标识数据：PG_IDENTITY_ DATA，模型属性：PG_ADSK_MODEL_PROPERTIES}，如图 2-72 所示。

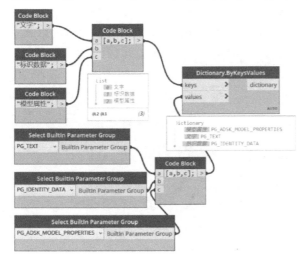

参数分组方式	对应节点选项名称
文字	PG_TEXT
标识数据	PG_IDENTITY_ DATA
模型属性	PG_ ADSK_ MODEL_ PROPERTIES

图 2-72

（6）查找数据对应的参数分组方式。同上，运用 Dictionary. ValueAtKey（通过键获取字典对应的值）节点，通过参数分组方式文字（键），查找对应 Dynamo 参数分组方式（值）。如图 2-73 所示，其中 L［3］为导入的参数分组方式数据。

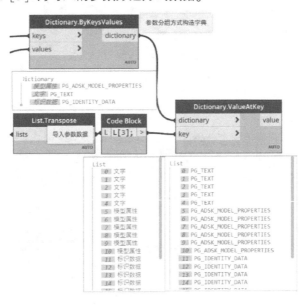

图　2-73

（7）批量添加参数。通过 Parameter. CreateSharedParameterForAllCategories（给项目中所有族类别的族添加共享项目参数）节点为项目添加项目参数，其中 parameterName（参数名称）为导入参数数据库的参数名称，groupName（组名称）为任意字符串；type（类型）为 Dynamo 能识别的参数类型；group（参数分组）为 Dynamo 能识别的参数分组方式。如图 2-74 所示。

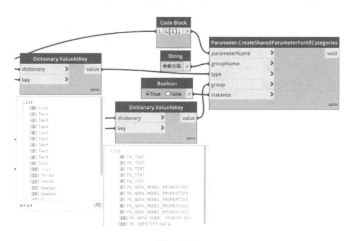

图 2-74

运行结果如图 2-75 所示，至此便完成了根据外部参数数据库，在项目中批量添加编码等 20 个参数。

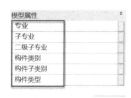

图 2-75

本案例介绍了根据外部参数数据批量添加项目参数，但以上方法并不能实现不同的构件有不同参数数据库的情况，怎样根据外部参数数据库给外部族库对应添加不同参数？

2.7 案例7：施工编码实例

1. 案例背景

项目要求构件分类和编码规则如下：

模型构件编码由项目管理属性代码组、设计（施工）管理属性代码组、构件管理属性代码组、构件实例属性代码组四个代码组构成。每个代码组内分类如下：

（1）"项目管理属性代码组"由工程（项目）代码、单项工程代码、单位工程代码、子单位工程代码顺次组成，采用 2 位数字表示。

（2）"设计（施工）管理属性代码组"由阶段代码、专业代码、子专业、二级子专业代码顺次组成，采用 2 位数字表示；可通过《构件信息总表》查询各字段对应的代码。

（3）"构件管理属性代码组"由构件类别代码、构件子类别代码、构件类型代码顺次组成；其中构件类别代码采用 2 位数字表示，构件子类别代码、构件类型代码采用 4 位数字表示；可通过《构件信息总表》查询各字段对应的代码。

（4）"构件实例属性代码组"由构件实例代码组成，采用 6 位数字表示。根据项目中同一构件类型的数量按顺序进行编号。

不同组代码之间用半角下画线"_"连接；同一组代码中，相邻层级代码之间用英文字符"."隔开。

模型构件编码结构如图 2-76 所示。

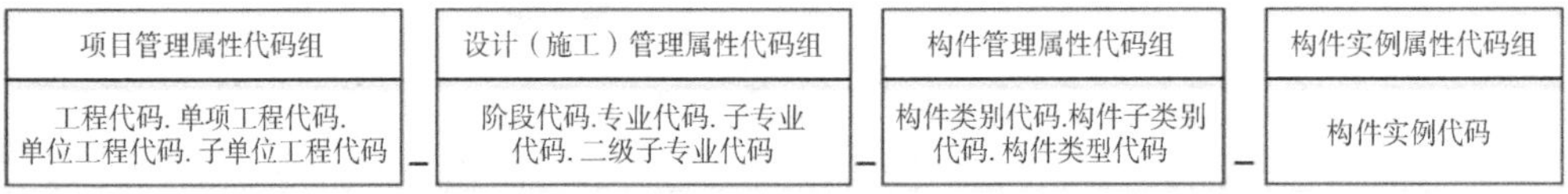

项目管理属性代码组	设计（施工）管理属性代码组	构件管理属性代码组	构件实例属性代码组
工程代码.单项工程代码.单位工程代码.子单位工程代码	阶段代码.专业代码.子专业代码.二级子专业代码	构件类别代码.构件子类别代码.构件类型代码	构件实例代码

图 2-76

《构件信息总表》中明确各专业、子专业、二级子专业、构件类别、构件子类别、构件类型对应编码代号。以图 2-77 所示结构表为例，结构专业代码为 03、混凝土结构子专业代码为 02、混凝土结构二级专业代码为 01、墙构件类别代码为 01、结构普通墙构件子类别代码为 0004、200 – C30 构件类型代码为 0001。

A	B	C	D	E	F	G	H	I	J	K	L	M	N	O
序号	专业	子专业	二级子专业	构件类别	构件子类别	构件类型(规则)	构件类型	构件编码	编码					
									专业代码	子专业代码	二级子专业代码	构件类别代码	构件子类别代码	构件类型代码
394	结构	混凝土结构	混凝土结构	墙	结构普通墙	厚度(mm)-[混凝土标号]	200-C30	03.02.01_01.0004.0001	03	02	01	01	0004	0001
395	结构	混凝土结构	混凝土结构	墙	结构普通墙	厚度(mm)-[混凝土标号]	250-C50	03.02.01_01.0004.0002	03	02	01	01	0004	0002
396	结构	混凝土结构	混凝土结构	墙	结构普通墙	厚度(mm)-[混凝土标号]	250-C30	03.02.01_01.0004.0003	03	02	01	01	0004	0003
397	结构	混凝土结构	混凝土结构	墙	结构普通墙	厚度(mm)-[混凝土标号]	250-C40	03.02.01_01.0004.0004	03	02	01	01	0004	0004
398	结构	混凝土结构	混凝土结构	墙	结构普通墙	厚度(mm)-[混凝土标号]	200-C40	03.02.01_01.0004.0005	03	02	01	01	0004	0005
399	结构	混凝土结构	混凝土结构	墙	结构普通墙	厚度(mm)-[混凝土标号]	300-C40	03.02.01_01.0004.0006	03	02	01	01	0004	0006
400	结构	混凝土结构	混凝土结构	墙	结构普通墙	厚度(mm)-[混凝土标号]	400-C40	03.02.01_01.0004.0007	03	02	01	01	0004	0007
401	结构	混凝土结构	混凝土结构	墙	结构普通墙	厚度(mm)-[混凝土标号]	200-C45	03.02.01_01.0004.0008	03	02	01	01	0004	0008
402	结构	混凝土结构	混凝土结构	墙	结构普通墙	厚度(mm)-[混凝土标号]	200-C45	03.02.01_01.0004.0009	03	02	01	01	0004	0009
403	结构	混凝土结构	混凝土结构	墙	结构普通墙	厚度(mm)-[混凝土标号]	250-C45	03.02.01_01.0004.0010	03	02	01	01	0004	0010
404	结构	混凝土结构	混凝土结构	墙	结构普通墙	厚度(mm)-[混凝土标号]	300-C45	03.02.01_01.0004.0011	03	02	01	01	0004	0011
405	结构	混凝土结构	混凝土结构	墙	结构普通墙	厚度(mm)-[混凝土标号]	450-C45	03.02.01_01.0004.0012	03	02	01	01	0004	0012
406	结构	混凝土结构	混凝土结构	墙	结构普通墙	厚度(mm)-[混凝土标号]	450-C50	03.02.01_01.0004.0013	03	02	01	01	0004	0013
407	结构	混凝土结构	混凝土结构	墙	结构普通墙	厚度(mm)-[混凝土标号]	500-C50	03.02.01_01.0004.0014	03	02	01	01	0004	0014
408	结构	混凝土结构	混凝土结构	墙	结构普通墙	厚度(mm)-[混凝土标号]	200-C50	03.02.01_01.0004.0015	03	02	01	01	0004	0015
409	结构	混凝土结构	混凝土结构	墙	结构普通墙	厚度(mm)-[混凝土标号]	300-C50	03.02.01_01.0004.0016	03	02	01	01	0004	0016

图 2-77

构件全编码信息为：01.01.01.01_03.02.01_01.0004.0001_000022，其中：

01.01.01.01 为项目管理属性代码，由项目情况指定唯一编码。

03.02.01 为设计（施工）管理属性代码：第一字段 03 表示结构专业、第二字段 02 表示混凝土结构子专业、第三字段 01 表示混凝土结构二级专业。

01.0004.0001 为构件管理属性代码：第一字段 01 表示墙构件、第二字段 0004 表示结构普通墙构件子类别、第三字段 0001 表示 200 – C30 构件类型。

000022 为构件实例属性代码及构件顺序码，表示同一个项目中该构件的第 000022 号构件。

2. 解决方案

首先在项目中分别创建"项目管理属性代码""设计（施工）管理属性代码""构件管理

属性代码""构件实例属性代码""构件全编码"参数，以及编码所需的一些必要属性参数，如："构件类别""构件子类别""构件类型"等，参数均为共享、实例参数，参数类型为文字。其中"项目管理属性代码"根据项目情况，指定唯一编码并赋值。而"设计（施工）管理属性代码"和"构件管理属性代码"需通过《构件信息总表》查询编制；"构件实例属性代码"为顺序码。

◀) **提示1**

这里同一个项目必须用同一个共享参数文件。

◀) **提示2**

Dynamo 批量添加项目参数详见第 2.6 节"案例 6：根据外部数据库批量添加参数"。

应用 Dynamo 分别赋值"设计（施工）管理属性代码""构件管理属性代码""构件实例属性代码"。然后根据"项目管理属性代码"_"设计（施工）管理属性代码"_"构件管理属性代码"_"构件实例属性代码"数据格式，应用 Dynamo 数据叠加后，并赋值给"构件全编码"参数。

3. 案例知识点

- String. PadLeft
- Data. ImportExcel
- List. Transpose
- List. IndexOf
- List. GetItemAtIndex

4. 案例详解

（1）添加编码所需参数。编码所需参数有："项目管理属性代码""设计（施工）管理属性代码""构件管理属性代码""构件实例属性代码""构件全编码"，对应构件属性参数有："专业""子专业""二级子专业""构件类别""构件子类别""构件类型"等。具体操作详见第 2.6 节。

（2）设置构件参数。针对"项目管理属性代码""专业""子专业""二级子专业""构件类别""构件子类别"等参数，与构件类别关联性强，可通过类别明细表合理设置"排序/成组"并手动设置其参数值。针对"构件实例属性代码""构件管理属性代码""构件全编码"等参数，有规律且手动设置烦琐，需通过 Dynamo 批量处理。

（3）设置"构件实例属性代码"。"构件实例属性代码"为项目中同一构件类型的数量按顺序进行编号而成，编码为 6 位数字。

根据第 2.1 节，应用 Dynamo 自动添加"构件实例属性代码"（顺序码），脚本如图 2-78 所示。

◀) **提示**

"构件实例属性编码"为 6 位顺序码。应用"String. PadLeft"节点，通过在字符串左边添加"0"字符使其为 6 位字符。

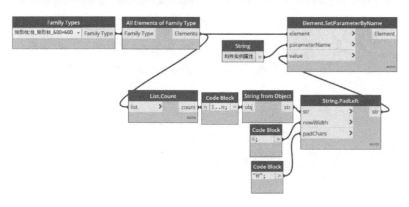

图　2-78

脚本优化：上述方法是先获取项目中同一类型的所有构件，然后再根据顺序排序。方法没有问题，但针对同一族类别的每个类型都需要运行一次脚本。如本案例模型中结构框架族类别共有41种类型，如图2-79所示，按上述方法，仅结构框架类别就需运行41次。

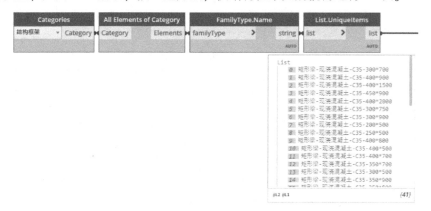

图　2-79

脚本优化方案详见：第4.14节"按族类型分类设置构件顺序码"。

（4）设置"构件管理属性代码"。首先应用Categories（族类别）、All Elements of Caetgory（获取项目中指定类别的所有构件）节点对，获取项目中某一族类别的所有构件；再应用Element.GetParameterValueByName（根据参数名获取参数值）节点获取该构件"构件类别参数"，如图2-80所示。

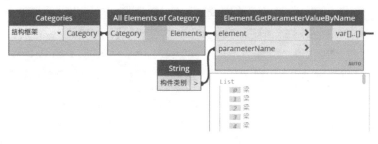

图　2-80

应用 Data. ImportExcel（将 Excel 数据导入 Dynamo）节点读取《构件信息总表》数据，删除多余的第一行数据，如图 2-81 所示。

图 2-81

在数据结构中，"构件类别"与其所对应的代码属于同一行，因此在构件类别列表和对应代码列表中，"构件类别"与所对应的代码索引相同。应用 List. IndexOf（获取参数处的索引）节点，先获取参数处的索引；再应用 List. GetItemAtIndex（根据索引获取列表对应项）节点，根据该索引获取所对应的"构件类别"代码。如图 2-82 所示，梁构件类别所对应的代码为 02。

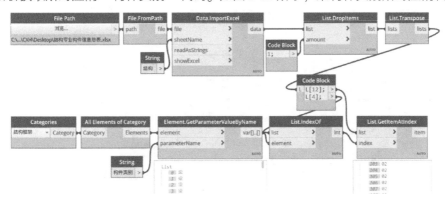

图 2-82

如图 2-83 所示的《构件信息总表》：构件类别在 Dynamo 数据处理后的二维列表中索引为 4，即 L [4]，所对应的构件类别代码列表为 L [12]。

0	1	2	3	4	5	6	7	8	9	10	11	12	13	14
A	B	C	D	E	F	G	H	I	J	K	L	M	N	O
序号	专业	子专业	二级子专业	构件类别	构件子类别	构件类型（规则）	构件类型	构件编码	专业代码	子专业代码	二级子专业代码	构件类别代码	构件子类别代码	构件类型代码
456	结构	混凝土结构	混凝土结构	梁	等截面矩形梁	截面参数，宽度(mm)×高度(mm)	250×1950	03.02.01_02.0001.0032	03	02	01	02	0001	0032
457	结构	混凝土结构	混凝土结构	梁	等截面矩形梁	截面参数，宽度(mm)×高度(mm)	350×1950	03.02.01_02.0001.0033	03	02	01	02	0001	0033
458	结构	混凝土结构	混凝土结构	梁	等截面矩形梁	截面参数，宽度(mm)×高度(mm)	250×1400	03.02.01_02.0001.0034	03	02	01	02	0001	0034
459	结构	混凝土结构	混凝土结构	梁	等截面矩形梁	截面参数，宽度(mm)×高度(mm)	250×1300	03.02.01_02.0001.0035	03	02	01	02	0001	0035
460	结构	混凝土结构	混凝土结构	梁	等截面矩形梁	截面参数，宽度(mm)×高度(mm)	300×750	03.02.01_02.0001.0036	03	02	01	02	0001	0036

图 2-83

同上，根据图 2-83 所示的《构件信息总表》，分别查询"构件子类别代码"和"构件类型代码"。其中构件类别索引为 4，对应构件类别代码索引为 12；构件子类别索引为 5，对应构件子类别代码索引为 13；构件类型索引为 7，对应构件类型代码索引为 14，如图 2-84 所示。

应用 Code Block 节点，将构件类别代码、构件子类别代码、构件类型代码数据通过"."号连接，组成"构件管理属性代码"，并应用 Element. SetParameterByName（根据参数名设置参数值）节点将"构件管理属性代码"数据批量赋值对应参数（图 2-85）。

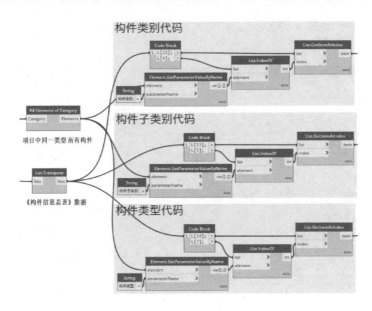

图　2-84

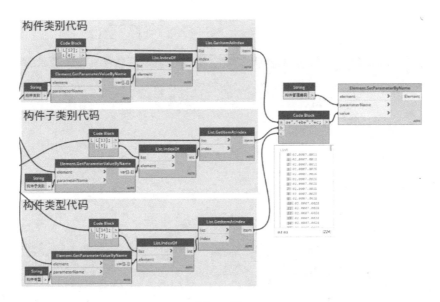

图　2-85

（5）设置"设计（施工）管理属性代码"。同上，查询图 2-83 所示的《构件信息总表》，设置"设计（施工）管理属性代码"，如图 2-86 所示：其中专业索引为 1，对应专业代码索引为 9；子专业索引为 2，对应子专业代码索引为 10；二级子专业索引为 3，对应二级子专业代码索引为 11。

◀))　提示

　　由于结构框架类别构件专业、子专业和二级子专业都分别相同，即设计（施工）管理属性代码相同，也可通过明细表快速赋予其参数值。

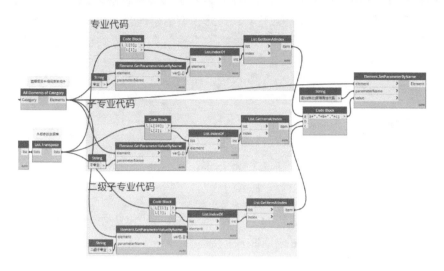

图 2-86

（6）设置"构件全编码"。通过 Categories、All Elements of Category 节点对，选择对应族类别，应用节点 Element. GetParameterValueByName 分别获取"项目管理属性代码""设计（施工）管理属性代码""构件管理属性代码""构件实例属性代码"参数值，再通过 Code Block、Element. SetParameterByName 节点，将"项目管理属性代码""设计（施工）管理属性代码""构件管理属性代码""构件实例属性代码"用"_"连接，并批量赋值给"构件全编码"参数，如图 2-87 所示。

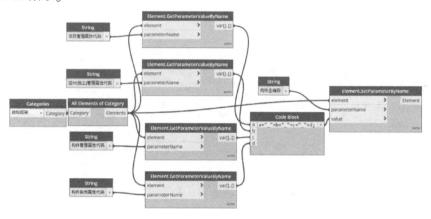

图 2-87

保存文件。

2.8 案例8：市政道路解决方案1

1. 案例背景

道路工程区别于房屋建筑，在传统道路工程施工中，最重要的基础工作是根据设计数据确定道路设计中心线（空间曲线）。道路设计中心线是道路路线几何设计中的重要特征线，正因为道路是一条空间曲线，坐标的概念在道路工程中尤为重要。Dynamo 是参数化设计软件，自然可以进行数据处理工作，利用坐标数据实现道路模型的精确创建（图2-88）。

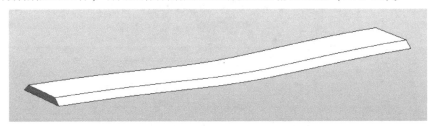

图 2-88

2. 解决方案

创建道路的思路和第1.10节例题9"应用Dynamo放样实体并导入Revit"的思路方法基本一致。即读取 Excel 坐标数据→生成道路中心线→在 Dynamo 中创建道路实体→导入 Revit 体量。

3. 案例知识点

- Data. ImportExcel
- List. RestOfItems
- List. DropItems
- List. GetItemAtIndex
- Geometry. Transform
- CoordinateSystem. ByOriginVectors
- PolyCurve. ByJoinedCurves
- Solid. ByLoft
- Dynamo 使用级别
- 构建坐标系
- 单位转换

4. 案例详解

Dynamo 本质上是没有单位的，这使得 Dynamo 保持一个抽象的可视化编程环境。与 Revit 尺寸相联系的 Dynamo 节点会引用 Revit 项目的单位。比如，在 Dynamo 中设置一个长度参数，Dynamo 中的值就会使用 Revit 项目中的长度单位。本案例中项目长度单位为米。

（1）将 Excel 数据导入 Dynamo。打开案例文件。

读取或写入 Excel 表格数据是项目中常见的方法，这里读取或写入表格文件的节点格式也基本固定，在其他项目中均可以使用。如图 2-89 所示，在 ImportExport（导入导出）下的 Date（数据）中有 Excel 和 CSV 文件的读、写节点，这里需要使用到 Data. ImportExcel（将 Excel 数据导入 Dynamo）节点。

输入 Excel 文件到 Data. ImportExcel 节点中，并告知程序具体要读取的是文件中的哪个"工作表"。在 ImportExport 下

图 2-89

的 File System（文件系统）中有这样一组节点，分别是 File Path（读取文件路径）节点和 File From Path（读取路径下的文件）节点。结合 Data. ImportExcel 节点，这便是读取或写入表格文件的固定节点格式，如图 2-90 所示，按行读取 Excel 表格中"Sheet1"的数据。

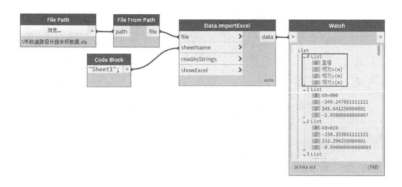

图 2-90

（2）运用外部 Excel 坐标数据创建道路设计线。现在需要调用列表中的数据，结合螺旋线的创建思路便知，这些空间坐标点是通过 NurbsCurve. ByPoints（通过点的样条曲线）节点创建曲线的基础。

接下来便是对列表的处理，第 0 项即为表头，是不需要的数据。通过 List（列表）→Modify（修改）下的 List. DropItems（删除列表指定项数）节点，从头开始去掉一项，如图 2-91 所示。也可以使用 List. RestOfItems（删除列表第一项）节点，去掉列表首项。

图 2-91

生成的二维列表中，以行读取数据，每行数据即为第二层级列表。在第二层级中分别罗列了里程、x 坐标值、y 坐标值和 z 坐标值四个数值。分别提取 x 坐标值、y 坐标值和 z 坐标值，并生成三个列表输入 Point. ByCoordinates（通过坐标值生成点）节点，才能达到生成点的目的。

那么怎么把 x、y、z 坐标值"挑"出来？回顾"转置"的概念，使用 List. Transpose（互换列表行列）节点，便能提取 x、y、z 坐标值，如图 2-92 所示。

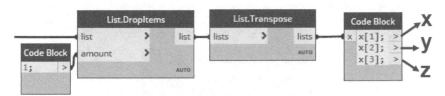

图 2-92

除了 List. Transpose 节点外，还有另一种方法也可以实现。

利用 List（列表）→Inspect（查询）下的 List. GetItemAtIndex（根据列表索引获取对应的项），该节点可以实现列表中某一项的提取。但由于列表层级的关系，数据提取会出现问题，如图 2-93 所示，原本想提取第二层级里的第一项即 x 坐标值，但是提取出来的是第一层级中的第一项。

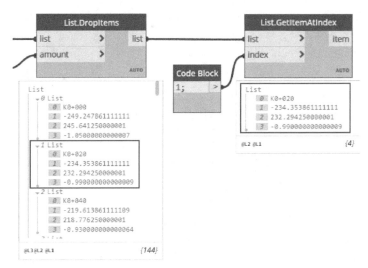

图 2-93

在这里引入一个新的概念："使用级别"。

和"连缀"一样，在 Dynamo 中大多数节点都具有这个功能。单击 List. GetItemAtIndex（根据列表索引获取对应的项）节点中"list"后的"＞"符号，勾选"使用级别"将其设置为第二层级，如图 2-94 所示，这样便可以提取到列表第二层级里的第一项了，即 x 坐标值。

结合螺旋线的创建思路，设置 Revit 体量中的项目单位为米，这样便完成了道路中心线的创建，如图 2-95 所示。

（3）创建道路截面轮廓。道路中心线有了，接下来只需要将对应的道路截面轮廓放置在道路中心线上，并通过融合生成道路实体即可。

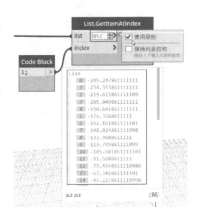

图 2-94

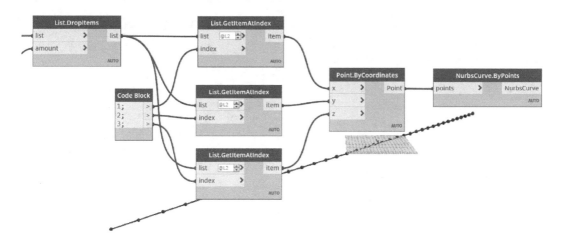

图　2-95

基于族样板"公制常规模型.rft"创建一个族，保存为"路基截面.rfa"，用于表达道路截面轮廓。根据道路施工图样，使用模型线命令绘制道路截面轮廓。此时注意，为了保证轮廓方向正确，需要将模型线绘制在楼层平面，而非立面，完成后如图 2-96 所示。

图　2-96

将轮廓族载入体量中，通过 Dynamo 拾取族构件并将其转换为 Dynamo 图元进行处理。体量中的工作平面与 Dynamo 中的坐标系关系如图 2-97 所示。

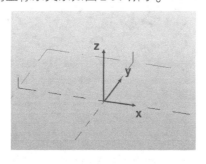

图　2-97

将族"路基截面.rfa"放置在体量中的 YOZ 平面，结合之前学过的相关知识，通过节点对将路基截面族转换为 Dynamo 图元，如图 2-98 所示。

（4）变换道路截面轮廓。如何将轮廓放置在曲线上的正确位置？移动复制图元，之前学过的 Geometry. Translate（通过向量移动几何图形）节点并不能达到要求；在 Geometry（几何学）→Modifiers（修改）下的 Geometry（几何图形）中寻找有无需要的节点。

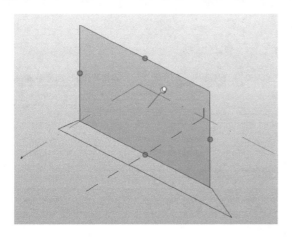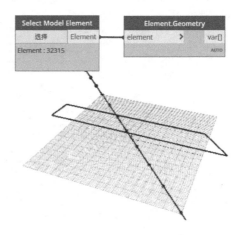

图 2-98

Geometry. Transform（根据坐标系变换几何图形）节点似乎可行，该节点可以在曲线上找点，并创建独立的坐标系，将图元移动到对应坐标系的位置，如图 2-99 所示。

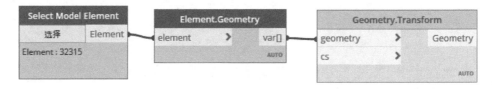

图 2-99

接下来需要创建坐标系，在 Geometry（几何学）→Abstract（抽象）→CoordinateSystem（坐标系）中选择 ByOriginVectors（通过原点和 X，Y 方向生成坐标系），CoordinateSystem. ByOriginVectors（通过原点和 X，Y 方向生成坐标系）节点用于根据点和向量创建坐标系，如图 2-100 所示。

图 2-100

在曲线上找 20 个点，并创建对应的 20 个坐标系，最后将图元放置在坐标系的正确位置上。

因为截面轮廓图元放置在原 Revit 体量坐标系中的 YOZ 平面上，要使截面轮廓与曲线垂直，即曲线上任意一点的切线向量即为截面轮廓所在平面的法向量，所以新坐标系的 X 方向即为曲线的切线向量方向，新坐标系的 Y 方向即为曲线的垂直向量方向。

在 Geometry→Curves→Curve 中，找到这两个节点 Curve.TangentAtParameter（曲线上指定参数处的切向量）和 Curve.NormalAtParameter（曲线上指定参数处的垂直量）。这样便完成了对应点处坐标系的创建，如图 2-101 所示。

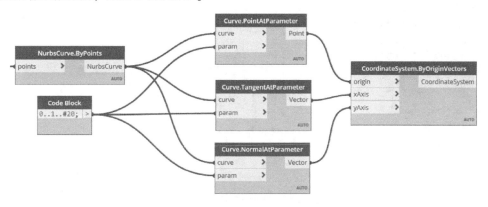

图　2-101

连接 Geometry.Transform（通过坐标系变换几何图形）节点，貌似出了一些问题，如图 2-102 所示。

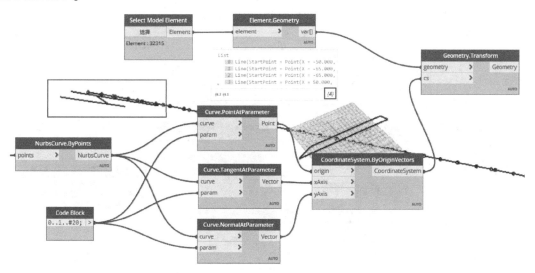

图　2-102

这是因为截面轮廓由 4 条模型线构成，Element.Geometry（获取图元几何图形）节点并没有将它们作为一个整体处理。

在 Geometry→Curves→PolyCurve 中选择 PolyCurve.ByJoinedCurves（通过连接曲线生成复合曲线），通过此节点将 4 条模型线连成一个整体，如图 2-103 所示。

连接已有节点，如图 2-104 所示。

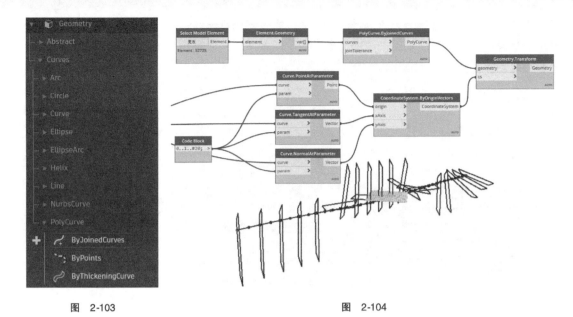

图 2-103   图 2-104

轮廓的方向在变化。仔细观察曲线上的坐标系，会发现是因为随曲率的变化，曲线的垂直向量方向（Y方向）在变化，且始终指向曲率圆心，如图2-105所示，这也使得坐标系YOZ平面随之变化。

虽然Y方向随曲率变化，但X方向始终固定，即曲线该点处的切线方向（道路行进方向）始终固定。CoordinateSystem. ByOriginVectors（通过原点和X，Y方向生成坐标系）节点yAxis的默认值为（0，1，0），即向量正方向。

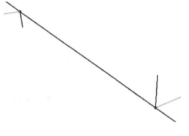

图 2-105

不输入Y向量值，如图2-106所示，这样截面轮廓的方向便可以固定了。

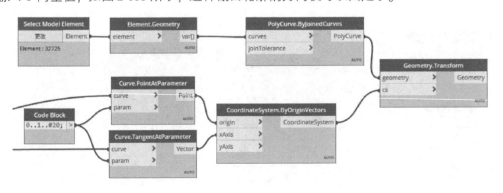

图 2-106

（5）融合道路截面轮廓生成道路。最后，创建实体导入Revit。

回顾学习过的放样命令，Geometry→Solids→Solid→ByLoft（融合）。在Dynamo中创建实体后通过ImportInstance. ByGeometry（将Dynamo几何图形导入Revit）节点，将实体导入Revit便完成了道路的创建，如图2-107所示。

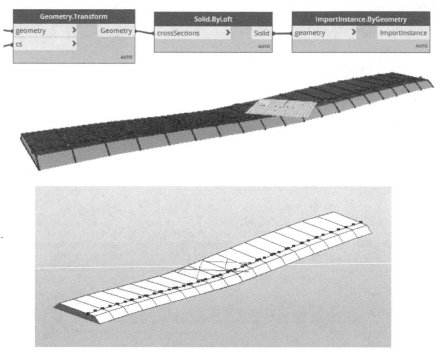

图 2-107

2.9 案例 9：市政道路解决方案 2

1. 案例背景

案例 8 中，解决了道路设计线的空间问题，但是道路模型是在概念体量环境中生成的，导入常规项目环境中应用时会存在缺陷。在现场 BIM 施工应用中，为了便于施工管理，通常需要根据施工组织设计及现场情况，将道路模型按里程或按施工段拆分并编码。对于预制构件，还会要求拆分到构件级别，在桥梁工程中常见。显然案例 8 中的方法并不能满足要求。

本案例以路面为例讲解另一种解决方案，如图 2-108 所示。

图 2-108

2. 解决方案

创建四点自适应族作为道路单元。沿道路设计线，按固定里程或施工段拆分，通过 Dynamo 处理数据，拆分并生成四点复合列表；最后在项目中批量放置四点自适应族。

这里需要注意，曲率变化越大的道路，需要拆分得越细。此时里程或施工段不再是最小单元，一段里程或一个施工段可由 N 小段组成。N 越大，模型越准确越真实。

3. 案例知识点

- Curve. PointAtSegmentLength
- Curve. Length
- Vector. Cross
- AdaptiveComponent. ByPoints
- List. Chop

4. 案例详解

（1）创建四点自适应路面族。创建常规四点自适应族，也可以直接使用本书配套案例文件中的四点自适应族，为通过 Dynamo 放置族构件做准备。

打开案例文件。与第 2.8 节 "案例 8：市政道路解决方案 1" 中路基的创建思路相同，首先需要先生成道路中心线。道路宽度为道路中心线左右偏移值。

读取 Excel 坐标数据，生成道路中心线，方法详见第 2.8 节 "案例 8：市政道路解决方案 1"。

（2）获取道路边界等分点。只有找到道路边界线上的等分点，才能对应放置四点自适应族。这就需要在道路中心线上按拆分长度取点，并进行复制偏移。首先，通过 Geometry→Curves→Curve. PointAtSegmentLength（获取曲线指定长度处的点）节点，如图 2-109 所示，按路线长度取点。

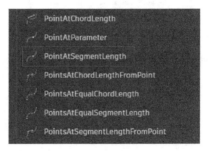

图 2-109

按每 10m 间距拆分取点。要生成列表，就需要知道道路的总长；通过 Geometry→Curves→Length（获取曲线长度）节点计算道路的总长度，并按间距 10m 拆分，如图 2-110 所示。

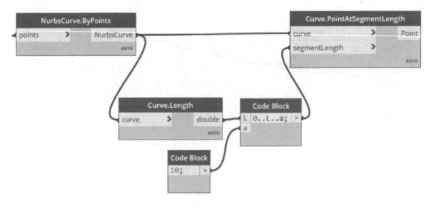

图 2-110

每 10m 等距离的点有了，这时需要按路面宽度进行左右复制偏移，从而形成道路边界线上的等分点。

回忆之前的知识点，可以采用 Geometry→Modifiers→Geometry→Translate（根据向量移动几何图形）节点，对点进行偏移。假如路面宽度为 30m，则一半的偏移值为 15m。偏移的图元对象和距离有了，这时需要解决的是偏移的方向问题，如图 2-111 所示。

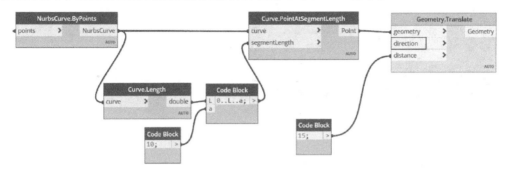

图 2-111

偏移的方向即为道路中心线上对应点处切线的垂直向量。

先求曲线上对应点处的切线向量，再通过向量的叉积找到目标向量。要找到曲线上对应点处的切线向量，在之前的章节中已经学习了 Curve. TangentAtParameter（获取曲线参数处的切向量）节点，这里只需要找到对应点的位置参数。

要找到点的位置参数，则可以通过 Curve. ParameterAtPoint（获取曲线点处的参数）节点反查，如图 2-112 所示。

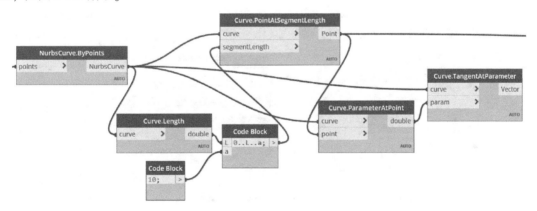

图 2-112

任意点处路面的截面始终垂直于该点处切线向量所在的平面。目前所求的目标向量，即为切向量与 Z 方向向量（0，0，1）的叉积。在 Geometry→Abstract→Vector 中，找到 Vector. Cross（向量叉积）节点，如图 2-113 所示。

利用 Vector. ByCoordinates（根据坐标值生成向量）节点，构建 Z 方向向量；再通过向量叉积求得目标向量。这样便能通过 Geometry. Translate（通过向量移动几何图形）节点完成点的移动。另一方向的移动即距离则为负值，如图 2-114 所示。

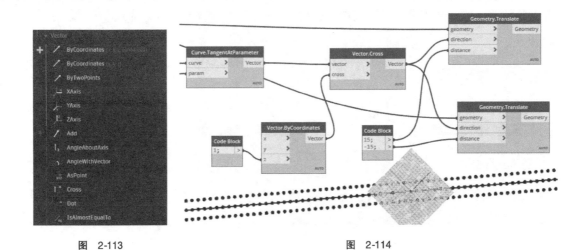

图 2-113　　　　　　　　　　　图 2-114

（3）数据处理获得对应自适应路面族的二维点列表。为了放置四点自适应族，需要将两组点列表重新组织成一个新的二维列表。四点自适应族的放置顺序如图 2-115 所示，四个点中每两个同侧的点归属于同一列表中。

分别处理每一侧点的列表，再进行两侧列表的组合，最后才能生成可用于放置四点自适应族的二维列表。位于同侧的点，每一组均以"错位相加"的方式重复取点。如此一来，用 List. DropItems（删除列表指定项）节点分别去除列表的末尾项和首项，再通过 List Create（创建列表）节点将其列表相加，这便实现了"错位相加"的取点方式，如图 2-116 所示。

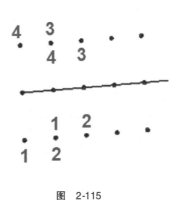

图 2-115

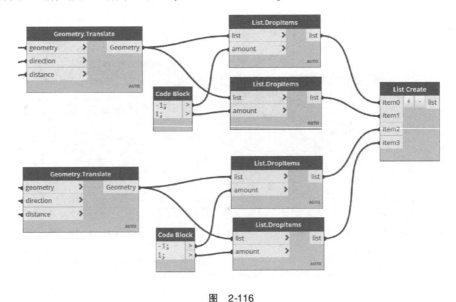

图 2-116

最后通过 List. Transpose（互换列表行列）节点将列表转置，生成二维列表，每四个点为一组，如图 2-117 所示。

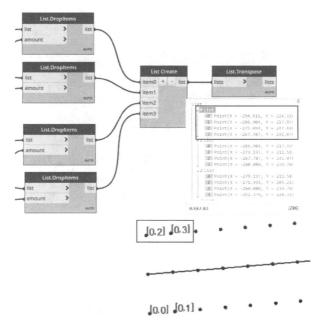

图   2-117

按点的顺序依次放置四点自适应族，这显然不能满足要求；因此要将第 2、3 号点的顺序颠倒。

如何颠倒顺序？只需要将 item2 和 item3 调换位置即可，如图 2-118 所示。

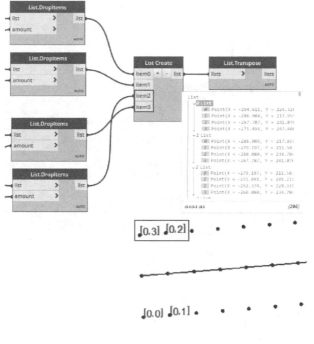

图   2-118

（4）放置自适应路面构件。如图 2-119 所示，在 Revit→Elements→AdaptiveComponent 中，找到 AdaptiveComponent. ByPoints（通过二维点列表放置自适应构件）节点，用于放置路面自适应族。

图 2-119

选择需要放置的四点自适应族，如图 2-120 所示，这便完成了按每 10m 一段拆分路面模型的创建工作。

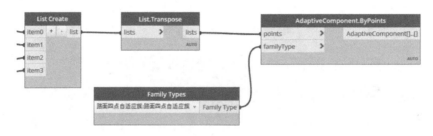

图 2-120

5. 案例拓展

道路交通标志线的白色虚线（图 2-121），其创建方法与路面四点自适应族的放置思路一致。通过放置两点自适应族来创建模型，但是应当间隔取点。

图 2-121

通过 List→Modify 下的 List. Chop（将列表分割成指定长度的子列表）节点，按 2 个长度将点列表进行切片，从而实现间隔取点，如图 2-122 所示。这里需要注意，因为是放置两点自适应族，所以列表总数应该为双数。

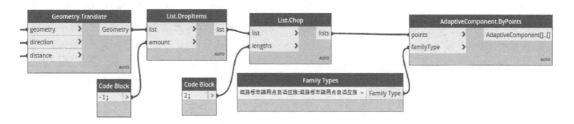

图 2-122

2.10 案例10：市政桥梁解决方案

1. 案例背景

市政道路桥梁设计线为三维空间曲线，路面有找坡和超高，路面为线性空间曲面，用 Revit 传统建模方法，空间定位难度大，项目构件及附属设施多，构件信息添加及信息维护工作量大。

模型是 BIM 运用的基础，本案例在于解决现有 Revit 技术在 BIM 桥梁模型创建及后期信息管理过程中的不足，提供一种基于 Revit 和 Dynamo 的参数化综合解决方案。能够满足桥梁模型桩基、墩柱、预制箱梁等构件与设计坐标数据完全吻合，模型桥面铺装超高等高程数据也完全吻合。最后，按需批量添加参数并录入或删除信息，简化 BIM 模型在施工管理过程中庞大的数据信息维护工作。

2. 综合解决方案

（1）数据整理。通过 Civil 3D、测量员或道路之星等专业软件，结合路桥图样和构件建模数据标准，整理并提取相关数据，数据格式为 Excel 格式。其中包括桩基、墩柱、T 梁、预制 T 梁、桥面铺装和防护栏等。

根据构件分类及在项目中的应用特点，可将桥梁构件分为单点插入放置、两点插入放置、三点线性放置和多点面放置四类。

单点插入放置构件定义：构件横截面中心对称，即在项目中 XOY 平面上没有方向性。如圆柱桩基、圆形墩柱等。

两点插入放置构件定义：构件几何属性可通过族参数控制，在项目中以两点线性定位构件。其中，一个插入点确定位置另一个插入点确定方向。如 T 梁、箱梁、系梁、垫石等。

三点线性放置构件定义：构件横截面相同，但方向随路线不断变化。如混凝土防护栏、防撞墙等。

多点面放置构件定义：具有面特性的构件，一般采用 4 个点或 9 个点确定位置。如路面、路基等。

🔊 提示

数据标准中里程值为数值表达，如：K7 + 504.33 数值表达为：7504.33；XYZ 坐标均为相对坐标；数据标准中长度均以米为单位。

数据标准可参考以下格式：图 2-123，单点插入放置类构件——桩基数据；图 2-124，两点插入放置类构件——盖梁数据；图 2-125，面放置类构件——桥面铺装数据；图 2-126，三点线性放置类构件——防护栏数据。

	A	B	C	D	E	F	G	H
1	顺序码	单位工程编码	构件名称代码	构件编号	里程数	相对X坐标	相对Y坐标	桩顶标高
2	1	BMLC-LQ	ZJ	1-0	7504.330	151.580	-311.975	-0.874
3	2	BMLC-LQ	ZJ	1-1	7534.330	145.260	-313.493	-4.321
4	3	BMLC-LQ	ZJ	1-2	7564.330	151.634	-821.536	3.622
5	4	BMLC-LQ	ZJ	1-3	7594.330	145.444	-821.177	0.779
6	5	BMLC-LQ	ZJ	2-0	7624.330	144.016	-282.645	-5.752
7	6	BMLC-LQ	ZJ	2-1	7654.330	137.750	-284.372	-5.752
8	7	BMLC-LQ	ZJ	2-2	7684.330	153.369	-791.586	3.343
9	8	BMLC-LQ	ZJ	2-3	7714.330	147.180	-791.227	-0.621
10	9	BMLC-LQ	ZJ	3-0	7744.330	135.478	-253.583	-5.517
11	10	BMLC-LQ	ZJ	3-1	7774.330	129.273	-255.518	-5.517
12	11	BMLC-LQ	ZJ	3-2	7804.330	155.105	-761.636	2.983

图 2-123　单点插入放置类——桩基数据

注：A 列：顺序码，数据为文本格式，顺序码为构件（桩基）顺序编码。

B 列：单位工程编码，数据为文本格式，例如 BMLC-LQ 表示柏慕联创标段。

C 列：构件名称代码，数据为文本格式，可根据项目情况自行编制。

D 列：里程，数据为数值格式，为桩基里程数值，例如里程 K7 + 504.11 数值转换为 7504.11。

E 列：构件编号，数据为文本格式，命名与项目设计图样构件（桩基）分类编码一致。

F、G、H 列：分别为桩基插入点的三维坐标 X、Y、Z 值，单位均为米。

提示

Revit 坐标系标准与真实坐标系标准不同，数据处理时需互换设计图样中的 X、Y 值。

A	B	C	D	E	F	G	H	I	J	K
顺序码	单位工程编码	构件名称代码	构件编号	里程	起点1X坐标	起点1Y坐标	起点1Z坐标	起点2X坐标	起点2Y坐标	起点2Z坐标
1	BMLC-LQ	GL	01Z	7504.33	-259.079	-117.563	-5.565247	-261.479	-111.415	-5.697247
2	BMLC-LQ	GL	02Z	7534.33	-287.026	-128.471	-5.754247	-289.426	-122.323	-5.886247
3	BMLC-LQ	GL	03Z	7564.33	-314.973	-139.379	-5.943247	-317.372	-133.231	-6.075247
4	BMLC-LQ	GL	04Z	7594.33	-342.919	-150.287	-6.132247	-345.319	-144.138	-6.264247
5	BMLC-LQ	GL	05Z	7624.33	-370.866	-161.195	-6.321247	-373.266	-155.046	-6.453247
6	BMLC-LQ	GL	06Z	7654.33	-398.813	-172.102	-6.510247	-401.212	-165.954	-6.642247
7	BMLC-LQ	GL	07Z	7684.33	-426.745	-183.012	-6.699247	-429.152	-176.867	-6.831247
8	BMLC-LQ	GL	08Z	7714.33	-454.572	-194.017	-6.888247	-457.027	-187.891	-7.020247
9	BMLC-LQ	GL	09Z	7744.33	-482.206	-205.311	-7.077247	-484.753	-199.222	-7.209247
10	BMLC-LQ	GL	10Z	7774.33	-509.561	-217.088	-7.276247	-512.242	-211.057	-7.437247

图 2-124　两点插入放置类构件——盖梁数据

注：起点坐标与终点坐标分别为盖梁与墩柱相交的墩柱顶部中心坐标。

F、G、H 列：分别为第一个插入点的三维坐标 X、Y、Z 值，单位均为米。

I、J、K 列：分别为第二个插入点的三维坐标 X、Y、Z 值，单位均为米。

提示

Revit 坐标系标准与真实坐标系标准不同，数据处理时需互换设计图样中的 X、Y 值。

A	B	C	D	E	F	G
里程	内侧坐标X	内侧坐标Y	内侧坐标Z	外侧坐标X	外侧坐标Y	外侧坐标Z
27775	143.063	-314.019	2.988	153.759	-311.450	3.244
27805	135.572	-284.971	3.244	146.176	-282.047	3.499
27835	127.594	-256.040	3.582	138.095	-252.765	3.822
27865	117.982	-227.610	4.001	128.380	-224.020	4.249
27895	107.824	-199.376	4.502	118.128	-195.525	4.733
27925	97.022	-171.383	5.042	107.244	-167.322	5.183
27955	85.715	-143.592	5.582	95.872	-139.370	5.633
27985	74.036	-115.956	6.122	84.147	-111.622	6.082
28015	62.120	-88.422	6.662	72.204	-84.025	6.532
28045	50.099	-60.936	7.202	60.175	-56.523	6.999
28075	38.064	-33.455	7.742	48.141	-29.043	7.539
28105	26.030	-5.975	8.282	36.106	-1.562	8.079
28135	13.996	21.506	8.822	24.072	25.918	8.619
28165	1.962	48.986	9.362	12.038	53.399	9.159
28195	-10.072	76.467	9.902	0.004	80.879	9.699
28225	-22.106	103.947	10.442	-12.030	108.360	10.239
28255	-34.141	131.428	10.982	-24.064	135.840	10.779

图 2-125　面放置类构件——桥面铺装数据

注：B、C、D 列：为对应里程的桥面铺装内边缘线的 X、Y、Z 坐标值。

E、F、G 列：为对应里程的桥面铺装外边缘线的 X、Y、Z 坐标值。

提示

Revit 坐标系标准与真实坐标系标准不同，数据处理时需互换设计图样中的 X、Y 值。

A	B	C	D
里程	相对坐标X	相对坐标Y	相对坐标Z
K27+775	153.7585412	-311.450382	3.24446471
K27+805	146.1755412	-282.047382	3.49946471
K27+835	138.0945412	-252.765382	3.82246471
K27+865	128.3795412	-224.020382	4.24946471
K27+895	118.1275412	-195.525382	4.73346471
K27+925	107.2435412	-167.322382	5.18346471
K27+955	95.87154118	-139.370382	5.63346471
K27+985	84.14654118	-111.622382	6.08246471
K28+015	72.20354118	-84.0253823	6.53246471

图 2-126　三点线性放置类构件——防护栏数据

提示

X、Y、Z 坐标均为相对坐标。

（2）Dynamo 脚本创建。根据以上数据标准及桥梁构件特点，分别创建放置构件的脚本，包括创建类-单点插入脚本、创建类-两点插入脚本、创建类-三点线性放置脚本、创建类-四点面放置脚本，如图 2-127～图 2-130 所示。操作类-批量设置构件参数脚本如图 2-131 所示。

1）创建类-单点插入脚本：该脚本用于读取对应标准数据中的坐标信息，根据坐标放置相应的单点插入式构件，并自动赋值顺序码参数和构件名称代码参数，如桩基、墩柱。

2）创建类-两点插入脚本：该脚本用于读取对应数据标准的坐标信息，根据坐标放置相应的两点插入式构件，并自动赋值顺序码参数和构件名称代码参数，如盖梁、系梁、垫石。

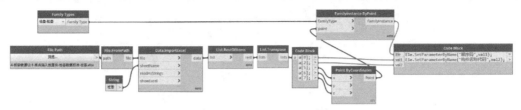

图 2-127　创建类-单点插入脚本

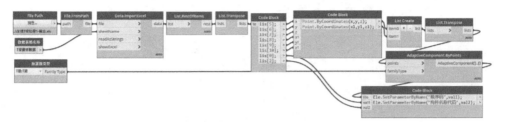

图 2-128　创建类-两点插入脚本

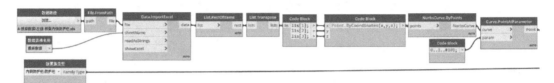

图 2-129　创建类-三点线性放置脚本

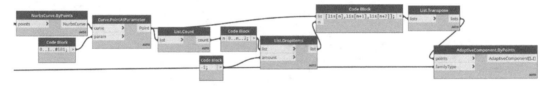

图 2-130　创建类-四点面放置脚本

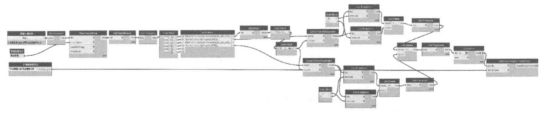

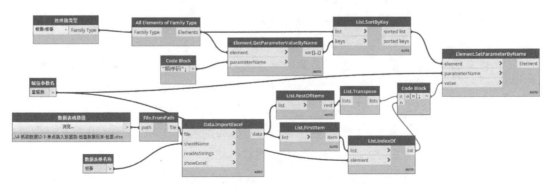

图 2-131　操作类-批量设置构件参数脚本

3）创建类-三点线性放置脚本：该脚本用于读取对应数据标准的坐标信息，根据坐标放置相应的三点线性构件，并自动赋值顺序码参数和构件名称代码参数，如防护栏。

4）创建类-四点面放置脚本：该脚本用于读取对应数据标准的坐标信息，根据坐标放置相应的四点面式构件，并自动赋值顺序码参数和构件名称代码参数，如桥面铺装。

（3）构件创建。根据项目路桥构造详图，分别制作桩基、墩柱、盖梁、系梁、T梁、防护栏、桥面铺装等构件，并添加相应的可参变的几何参数和必要的管理参数，如顺序码和构件名称代码。

桩基、墩柱使用的族样板为公制常规模型，插入点为柱顶圆心，设置长度、直径等几何参数，长度参数参变方向向下。

盖梁、系梁为两点自适应族，防护栏为三点自适应族，桥面铺装为四点自适应族。

（4）批量创建桥梁构件。应用创建类脚本，选择项目中对应的构件及坐标数据标准，在项目中批量放置构件。放置构件时为每个构件自动添加构件名称代码及顺序码；针对项目中的任一构件，由这两个编码组成唯一编码，用于后期通过数据索引构件，为构件设置参数或添加新的信息。

（5）数据深化。根据项目图样资料或施工现场资料，深化构件数据，添加桥梁构件必要的几何参数信息（如桩基/墩柱直径、长度、材质等参数）及施工运营管理中所需的非几何参数（如含钢量、施工阶段等参数）。如图2-132所示，是以桩基为例添加桩基直径、长度、材质、不同钢筋含量等数据的信息。

	A	B	C	D	E	F	G	H	I	J	K	L	M	N
	顺序码	单位工程编码	构件名称代码	构件编号	里程数	相对X坐标	相对Y坐标	桩顶标高	高度	直径	Φ14钢筋	Φ16钢筋	Φ25钢筋	Φ28钢筋
1	1	BMLC-LQ	ZJ	1-0	7504.330	151.580	-311.975	-0.874	18	1.5	154799.00	0.00	144305.00	0.00
2	2	BMLC-LQ	ZJ	1-1	7534.330	145.260	-313.493	-4.321	18	1.5	194404.00	0.00	171225.00	0.00
3	3	BMLC-LQ	ZJ	1-2	7564.330	151.634	-821.536	3.622	20	1.5	226079.00	0.00	180425.00	0.00
4	4	BMLC-LQ	ZJ	1-3	7594.330	145.444	-821.177	0.779	20	1.5	226079.00	0.00	180425.00	0.00
5	5	BMLC-LQ	ZJ	2-0	7624.330	144.016	-282.645	-5.752	18	1.5	226079.00	0.00	180425.00	0.00
6	6	BMLC-LQ	ZJ	2-1	7654.330	137.750	-284.372	-5.752	18	1.5	226079.00	0.00	180425.00	0.00
7	7	BMLC-LQ	ZJ	2-2	7684.330	153.369	-791.586	3.343	20	1.5	226079.00	0.00	180425.00	0.00
8	8	BMLC-LQ	ZJ	2-3	7714.330	147.180	-791.227	-0.621	20	1.5	226079.00	0.00	180425.00	0.00
9	9	BMLC-LQ	ZJ	3-0	7744.330	135.478	-253.583	-5.517	19	1.5	226079.00	0.00	180425.00	0.00
10	10	BMLC-LQ	ZJ	3-1	7774.330	129.273	-255.518	-5.517	19	1.5	226079.00	0.00	180425.00	0.00

图 2-132

（6）模型深化。应用 Dynamo 软件创建操作类-批量设置构件参数脚本；应用该脚本选择对应构件及相应的深化数据标准，设置项目中构件几何参数。分别为操作类-批量设置构件参数脚本、创建完成的桥梁 BIM 模型。

应用 Dynamo 软件创建操作类-批量创建构件参数并赋值脚本；应用该脚本选择对应构件及相应的深化数据标准，为构件添加并赋值所需要的信息。

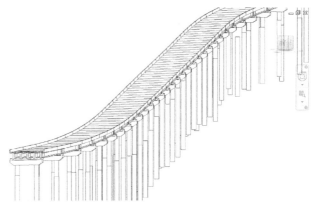

图 2-133

3. 案例知识点

- FamilyInstance. ByPoint
- Parameter. CreateProjectParameter
- Select Parameter Type
- Select BuiltIn Parameter Group
- Element. SetParameterByName
- List. IndexOf

4. 案例详解（桩基础）

下面以桩基础为例，讲解具体实施过程。

（1）桩基础数据整理。处理桩基础数据，满足 Excel 表格数据标准，如图 2-134 所示。通过公制常规模型族样板创建满足要求的桩基族构件，载入项目中，并根据表格数据单位设置 Revit 项目单位为米。

也可以直接打开案例文件，在案例文件中操作。

	A	B	C	D	E	F	G	H	I	J
1	顺序码	单位工程编码	构件名称代码	构件编号	里程数	相对X坐标	相对Y坐标	桩顶标高	高度	直径
2	1	BMLC-LQ	ZJ	1-0	7504.330	151.580	-311.975	-0.874	18	1.5
3	2	BMLC-LQ	ZJ	1-1	7534.330	145.260	-313.493	-4.321	18	1.5
4	3	BMLC-LQ	ZJ	1-2	7564.330	151.634	-821.536	3.622	20	1.5
5	4	BMLC-LQ	ZJ	1-3	7594.330	145.444	-821.177	0.779	20	1.5
6	5	BMLC-LQ	ZJ	2-0	7624.330	144.016	-282.645	-5.752	18	1.5
7	6	BMLC-LQ	ZJ	2-1	7654.330	137.750	-284.372	-5.752	18	1.5
8	7	BMLC-LQ	ZJ	2-2	7684.330	153.369	-791.586	3.343	20	1.5
9	8	BMLC-LQ	ZJ	3-0	7714.330	147.180	-791.227	-0.621	20	1.5
10	9	BMLC-LQ	ZJ	3-0	7744.330	135.478	-253.583	-5.517	19	1.5
11	10	BMLC-LQ	ZJ	3-1	7774.330	129.273	-255.518	-5.517	19	1.5

图 2-134

（2）桩基数据导入 Dynamo。放置类 Dynamo 脚本文件编写。

本案例需要按坐标点放置桩基族构件，并添加录入顺序码和构件名称代码，作为后续信息维护查找构件的索引编码。根据之前学习的知识，首先去掉表头，然后行列转置。原数据表格中的第 1 列和第 3 列分别为顺序码和构件名称代码，即列表的第 0 项和第 2 项。X、Y、Z 坐标则分别为列表的第 5 项、第 6 项和第 7 项，如图 2-135 所示。

图 2-135

（3）放置桩基。通过 FamilyInstance. ByPoint（根据插入点放置构件）节点放置桩基族，如图 2-136 所示。

（4）添加桩基参数。接下来需要录入"顺序码"和"构件名称代码"的数据。要给每一个桩基构件录入对应数据，需要有族参数接收数据。可以在 Revit 中创建参数，再通过 Element. SetParameterByName（根据参数名设置参数值）节点写入数据。这里也可以直接通过 Dy-

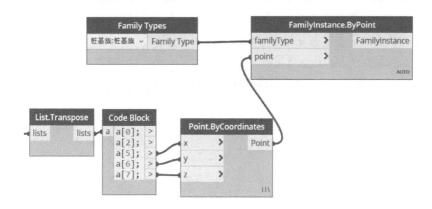

图 2-136

namo 在 Revit 中先创建参数，再写入数据。

在 Revit→Elements→Parameter 中，Parameter. CreateProjectParameter （创建项目参数） 节点，如图 2-137 所示。同时需要用到 Select Parameter Type （设置参数类型） 节点和 Select Built-In Parameter Group （设置参数分组方式） 节点。

图 2-137

备注：

输入端口 1 为创建族参数的 "名称"。

输入端口 2 为共享参数的 "参数组" 名称，如图 2-138 所示。

图 2-138

输入端口 3 为 "参数类型"，即长度、面积、体积、文字等。

输入端口 4 为"参数分组方式"，即尺寸标注、文字、材质等。

输入端口 5 默认为实例参数，即布尔值为真，也可设置为类型参数。

输入端口 6 为"族类别"，也就是要创建的参数属于哪个族类别，如图 2-139 所示。

图 2-139

桩基族属于常规模型族类别，要创建的"顺序码"和"构件名称代码"两个参数均属于文本类型；又因为这两个参数是为了索引构件用的，所以这里可以将"参数组"取名为"编码索引"。如此便可以完成参数的创建工作，以"顺序码"参数创建为例，如图 2-140 所示。

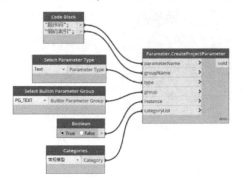

图 2-140

（5）设置桩基参数。最后通过 Element.SetParameterByName（通过参数名设置参数值）节点便可以完成信息的录入工作，如图 2-141 所示。

图 2-141

操作类 Dynamo 脚本文件编写。

修改对应桩基尺寸，即设置族参数"桩长"和"直径"的值。需要提取桩长、直径所在列的数据，并按顺序码索引表格数据，从而修改对应的参数值。要找到 Excel 表格中"桩长"所在列的数据，可以通过 List. IndexOf（获取列表项的索引）节点进行表头索引，并取对应列的值，如图 2-142 所示。

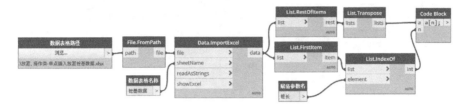

图 2-142

读取桩基构件"顺序码"参数的值，通过 List. SortByKey 节点对列表进行排序，如此一来"桩长"和"顺序码"便可一一对应，也就保证了赋值的准确性，如图 2-143 所示。

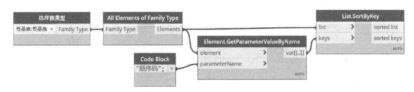

图 2-143

最后通过 Element. SetParameterByName 节点对"桩长"参数重新赋值，如图 2-144 所示。同理，对"直径"参数重新赋值。

（6）数据深化。根据项目图样资料或施工现场资料，深化构件数据，添加必要的桥梁构件几何参数信息。现以桩基钢筋信息为例，为桩基添加钢筋信息，如图 2-145 所示。

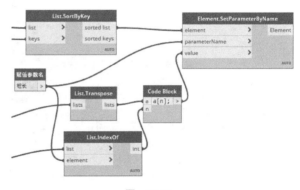

图 2-144

A	B	C	D	E	F	G	H	I	J	K	L	M	N
顺序码	单位工程编码	构件名称代码	构件编号	里程数	相对X坐标	相对Y坐标	桩顶标高	高度	直径	Φ14钢筋	Φ16钢筋	Φ25钢筋	Φ28钢筋
1	BMLC-LQ	ZJ	1-0	7504.330	151.580	-311.975	-0.874	18	1.5	154799.00	0.00	144305.00	0.00
2	BMLC-LQ	ZJ	1-1	7534.330	145.260	-313.493	-4.321	18	1.5	194404.00	0.00	171225.00	0.00
3	BMLC-LQ	ZJ	1-2	7564.330	151.634	-821.536	3.622	20	1.5	226079.00	0.00	180425.00	0.00
4	BMLC-LQ	ZJ	1-3	7594.330	145.444	-821.177	0.779	20	1.5	226079.00	0.00	180425.00	0.00
5	BMLC-LQ	ZJ	2-0	7624.330	144.016	-282.645	-5.752	18	1.5	226079.00	0.00	180425.00	0.00
6	BMLC-LQ	ZJ	2-1	7654.330	137.750	-284.372	-5.752	18	1.5	226079.00	0.00	180425.00	0.00
7	BMLC-LQ	ZJ	2-2	7684.330	153.369	-791.586	3.343	20	1.5	226079.00	0.00	180425.00	0.00
8	BMLC-LQ	ZJ	2-3	7714.330	147.180	-791.227	-0.621	20	1.5	226079.00	0.00	180425.00	0.00
9	BMLC-LQ	ZJ	3-0	7744.330	135.478	-253.583	-5.517	19	1.5	226079.00	0.00	180425.00	0.00
10	BMLC-LQ	ZJ	3-1	7774.330	129.273	-255.518	-5.517	19	1.5	226079.00	0.00	180425.00	0.00

图 2-145

（7）操作类脚本创建。结合本案例步骤（4）添加桩基参数、步骤（5）设置桩基参数创建操作类脚本，为桩基构件添加钢筋信息并赋值。

首先按表头索引，在修改后的 Excel 表格中找到需要添加的信息。其次，创建对应接收数据信息的族参数，并将数据写入其中。这里创建族参数时需要注意数据类型，如图 2-146 所示，选择需要录入信息的构件，其方法有很多，可以按类别选择，也可以框选过滤等。这里使用通过点选构件，确定同类构件的方法。读者可以结合之前学过的内容，根据需要编写脚本。

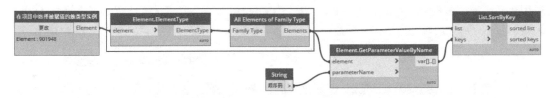

图　2-146

查找并提取需要添加的表格数据，如图 2-147 所示。

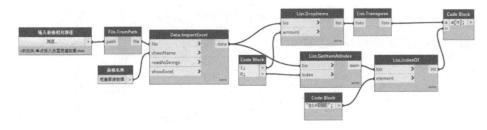

图　2-147

创建族参数"φ14 钢筋"，如图 2-148 所示。

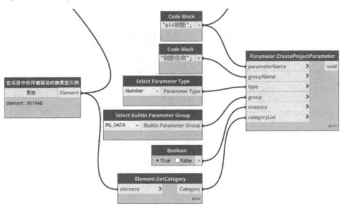

图　2-148

录入钢筋信息，如图 2-149 所示，通过放置构件、操作修改参数、添加信息三个步骤，完成 BIM 模型的参数化创建、信息录入和模型维护工作。

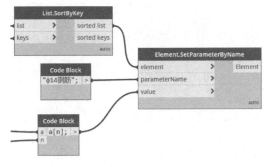

图　2-149

2.11 案例11：外部节点库——批量给族添加参数并赋值

1. 案例背景

企业 Revit 族库管理，其工作量巨大且烦琐，特别是批量族参数的创建以及信息的添加与删除。在族库创建初期，族参数的种类和个数很难考虑周全。随着企业的发展和管理的需要，信息也会出现增减。族库也随着企业的发展而壮大，数目成倍增长，如安全文明施工 CI 标化库、企业设备采购库等。依次打开族文件，添加参数并录入信息的工作并不现实，耗时耗力。在这里可以通过 Dynamo 软件，在不依次打开族文件的情况下，批量对某一文件夹里的所有族文件进行参数的添加与删除。结合之前学习的内容，也可以通过 Excel 批量录入信息。

2. 解决方案

Dynamo 是一款开源软件，可以利用 Python、C#等计算机语言进行节点的开发，直接调取 Revit 的 API 来创建节点，供用户使用。也可以在 Dynamo Package Manager（https：//www. dynamopackages. com/）网上下载其他开发人员创建的外部节点库，这里有许多优秀的专业外部节点库，如 LunchBox for Dynamo（幕墙）、Bridge（桥梁）、LadyBug（可视化分析）、SpringNodes（基础数据、图形处理）等。本案例将使用 Orchid 外部节点库中的一些节点。

3. 案例知识点

- 外部节点库（Orchid）
- Directory Path
- Directory. Contents
- Document. BackgroundOpen
- Parameter. AddParameter
- Select Parameter Type
- Select BuiltIn Parameter Group
- Document. Close
- Parameter. Delete

4. 案例详解

（1）下载并安装 Dynamo 外部节点库。下载外部节点库的途径很多，读者也可以在各大论坛中寻找。在 Dynamo 软件菜单栏中，通过"软件包"菜单，可以搜索、下载安装、管理外部节点库，如图 2-150 所示。注意，这里需要连接网络进行搜索下载，受服务器影响，有时无法加载。

图 2-150

如何安装 Dynamo 外部节点库？一般情况下，下载的外部节点库是一个文件夹，而不是一个"*. exe"的安装包，这时需要将文件夹复制到 Dynamo 管理节点的默认路径下。如图 2-151 所示，在"设置"菜单下，可以找到默认路径"packages"文件夹。

将"Orchid"外部节点库的文件夹复制到默认路径"packages"文件夹后（C：\ Users \ Administrator \ AppData \ Roaming \ Dynamo \ Dynamo Revit \ 2.1 \ packages），便完成了外部节点库的安装工作。打开 Dynamo 软件，如图 2-152 所示，在"Add-ons"附加板块中可以找到已加载的"Orchid"外部节点库。

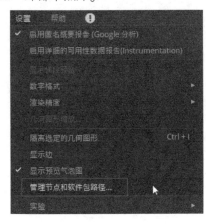

图　2-151

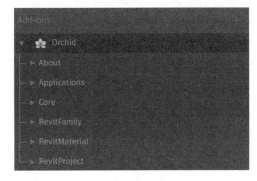

图　2-152

（2）批量给"企业 CI 标化族库"文件夹中的族添加族参数。首先，需要先访问文件夹路径，并读取文件夹，如图 2-153 所示，在 ImportExport 中，File System 中的 Directory Path 节点便可以实现文件夹路径的选择。接下来在"Orchid"外部节点库中寻找读取文件夹中文件的节点，即 Core 下 Directory 中的 Directory. Contents 节点。

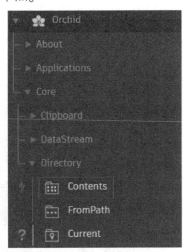

图　2-153

其次，要修改文件夹中的每一个 Revit 族文件，这需要在后台进行族文件的打开"窗口"操作，如图 2-154 所示，"Orchid"外部节点库提供了这样的节点。在 RevitProject 中的 Document 里，即 Document. BackgroundOpen 节点。

图 2-154

连接已有节点，如图 2-155 所示。

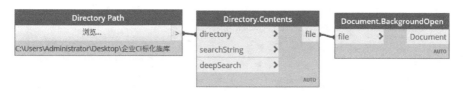

图 2-155

最后，按照企业 BIM 族库管理工作的相关要求，给目标族添加族参数。在之前的章节中讲过项目中族参数的添加，即 Parameter. CreateProjectParameter 节点。对于文件夹中族的处理，在"Orchid"外部节点库中有类似的节点，在 RevitFamily 下的 Parameter 中，即 Parameter. AddParameter 节点，如图 2-156 所示。

图 2-156

与 Parameter. CreateProjectParameter 节点类似，还需要 Revit. Elements 下的 Parameter 中的 Select Parameter Type 节点和 Select BuiltIn Parameter Group 节点，以确定"参数类型"和"参数分组方式"。在这里创建名为"测试参数"的实例参数，文本类型，如图 2-157 所示。

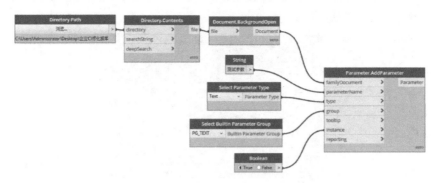

图 2-157

　　运行脚本文件，这时已对文件夹中的所有族文件添加了名为"测试参数"的实例参数，但是并没有完成。和二次开发类似，在操作前打开"窗口"，操作命令结束后还需要关闭保存"窗口"。在"Orchid"RevitProject 中的 Document 里，找到 Document. Close（关闭文档）节点。如图 2-158 所示，这时需要断开 Parameter. AddParameter 节点，连接 Document. Close 节点再次运行脚本文件。参数添加完毕，这时会发现文件夹中的 Revit 族文件已被全部打开修改并保存，生成了备份文件"xxx. 001. rfa"。

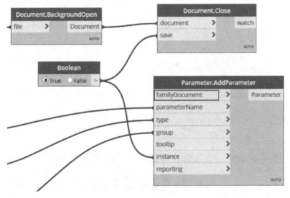

图 2-158

　　删除族参数和添加族参数类似，这里需要用到"Orchid"外部节点库，RevitFamily 下 Parameter 中的 Parameter. Delete 节点。同样，需要分别运行两次脚本文件，先删除族参数，再关闭"窗口"并保存，如图 2-159 所示。

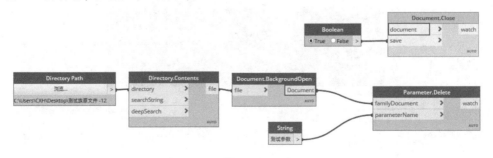

图 2-159

第 3 章　DesignScript语法

DesignScript 最初是由 Autodesk 开发的一种关联性编程语言，目的是给 Autodesk 旗下产品提供一个通用且语法相对简单的可视化编程语言。Autodesk 收购 Dynamo 后，DesignScript 与 Dynamo 深度结合，结合后产品名称由 DesignScript 改为 Dynamo，DesignScript 自身则演化成 Dynamo 的引擎核心。Dynamo 内置的所有节点，其本质都是一段 DLL 封装好的 DesignScript 代码。Dynamo 虚拟机可以同时识别和执行封装好的节点及原始 DesignScript 文本代码。

3.1　Code Block

在 Dynamo 应用程序中，DesignScript 语法主要在 Code Block 节点中应用。

Code Block 是 Dynamo 的一个特殊节点，里面可以放数字、字符串或者公式；可以用它调用其他节点；创建数组和在数组中取值；也可以在里面直接编写满足 DesignScript 语法的程序，创建自己的方法库。

◀)) 提示1

在 0.7 或以上的版本中，可以在工作区中双击鼠标左键创建 Code Block。

◀)) 提示2

Dynamo Code Block 节点不支持连缀。

3.1.1　Code Block 表示数字、字符串和公式

Code Block 可以输入数字、字符串或者公式。就像在 Number 节点中输入数字一样，在 Code Block 里同样可以输入数字。如果要输入字符串，则需要加上引号（满足 DesignScript 语法）。在 Code Block 里可以进行 Forumula 节点能做的所有数学运算，如图 3-1 所示。

◀)) 提示1

在 Code Block 中，所有代码都必须以分号结尾。当略掉最后一行分号时，Dynamo 会自动补上。

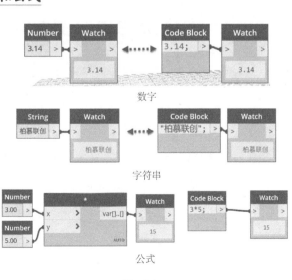

数字

字符串

公式

图　3-1

🔊 **提示2**

Code Block 会自动识别其公式中的未知变量，并添加到节点输入端。

3.1.2 Code Block 创建列表（list）

Code Block 创建列表语法与 Python 语法相同。

语法：[元素1，元素2，…]

如图 3-2 所示。

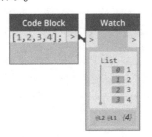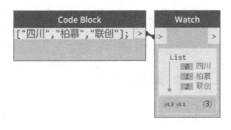

图　3-2

3.1.3 Code Block 创建数字序列

语法1：

start..stop..step

start：计数从 start 开始。

stop：计数到 stop 结束；当 stop 与 start 的差能整除 step 时，包括 stop；反之则不包括 stop。例如：0..10..2 是 [0，2，4，6，8，10] 包含10。

step：步长，默认为1。例如：0..5 等价于 0..5..1。

实例：如图 3-3 所示。

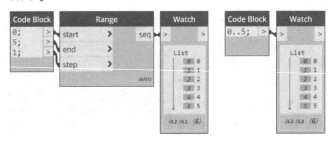

图　3-3

语法2：

start..#amount..step

start：计数从 start 开始。

#amount：计数个数为 amount。

step：步长，默认为1。例如：0..#5 等价于 0..#5..1。

实例：如图 3-4 所示。

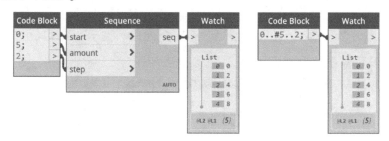

图 3-4

语法 3：

start. . stop. . #amount

start：计数从 start 开始。

stop：计数到 stop 结束。

amount：计数个数为 amount；从 start 到 stop（包括 stop）中平均取 amount 个数。例如：0. . 10. . #4，是 [0，3.3333，6.6666，10] 包含10。

实例：如图 3-5 所示。

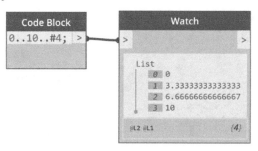

图 3-5

语法 4：

start. . stop. . ~ step

start：计数从 start 开始。

stop：计数到 stop 结束，包括 stop。

~ step：步长约为 step，使其间距能被 stop 与 start 的差整除，让该数列包括 stop。例如：0. . 10. . ~3，是 [0，3.3333，6.6666，10] 包含10。

实例：如图 3-6 所示。

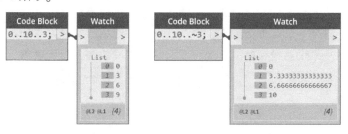

图 3-6

3.1.4 Code Block 对列表元素的引用

列表元素的顺序称作下标，列表的第一个元素下标为 0，即列表顺序从 0 开始计数。

1. 下标引用（图 3-7）

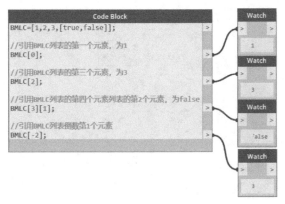

图　3-7

2. 切片引用（图 3-8）

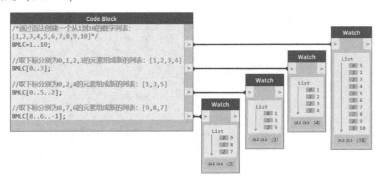

图　3-8

3.1.5 节点分类

在 Dynamo 自带节点目录库中，将节点分为三类，分别为创建类、操作类、查询类。在 Dynamo 应用程序中，双击节点名称可任意更改节点名称。建议在脚本编写过程中，不要随意更改节点名称，因为节点默认名称为该节点的语法函数名称。

（1）创建类：新建某个东西；语法：创建的对象 . 创建方法。

（2）操作类：对某个东西进行操作；语法：操作的对象 . 操作方法。

（3）查询类：从某个已经存在的东西获取它的属性；语法：查询对象 . 查询方法。

这三种不同的节点或者方法，在 Code Block 中的用法是不一样的。

■ 代表创建类。

■ 代表操作类。

■ 代表查询类。

3.1.6 Code Block 调用节点

在 Code Block 中，你可以运用语法调用 Dynamo 自带节点目录库中绝大部分节点。

1. 创建类节点调用

Code Block 调用创建类节点一般方法：创建类节点名称（参数1，参数2，…），然后按节点输入端的顺序依次指定参数值，如图 3-9 所示。

2. 操作类节点调用

操作，是指你对某个东西做的事。在 Dynamo 里使用点号"."来表达这个关系，即对某个东西应用某种操作。如果操作方法需要输入参数，那么跟调用创建类方法一样，也放在操作方法后面的小括号里。

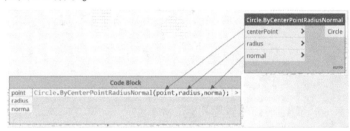

图 3-9

这里有一个区别：你不需要指定操作类节点的第一个参数，因为那个是被操作物，被操作物已经在点号前面当作变量处理了。

Code Block 调用操作类节点一般方法：操作对象参数．操作方法（操作参数1，操作参数2，…），将操作对象作为参数放在语法前面，括号类参数与除操作对象外的输入端一一对应。

例如，在 Code Block 里调用操作类 Geometry. Translate（移动几何学）节点，该节点有三个输入参数：geometry（被移动的对象）、direction（移动方向）、distance（移动距离）。在 Code Block 里，将被移动的对象赋予参数"Geo"（参数名可以是任意合法参数名）；操作参数：移动方向赋予参数"dir"；操作参数：移动距离赋予参数"distance"。即 Geo. Translate（dir，distance）。如图 3-10 所示。

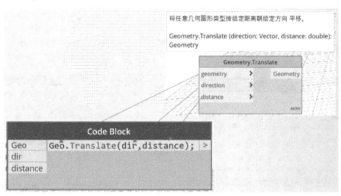

图 3-10

🔊 提示

有些操作类节点调用同创建类。

3. 查询类节点调用（图 3-11）

一般方法一：节点名称（查询参数1，查询参数2，…）同创建类调用方法。

一般方法二：查询对象.查询方法。

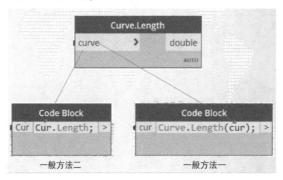

图 3-11

4. 调用节点的连缀设置

Code Block 调用节点的连缀设置，是通过在输入参数后添加"＜数字＞"来实现不同的连缀运算，以调用 Point.ByCoordinates（x，y，z）为例，如图 3-12 ~ 图 3-16 所示。

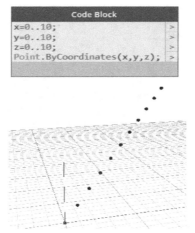

图 3-12

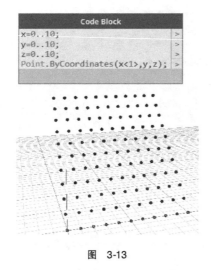

图 3-13

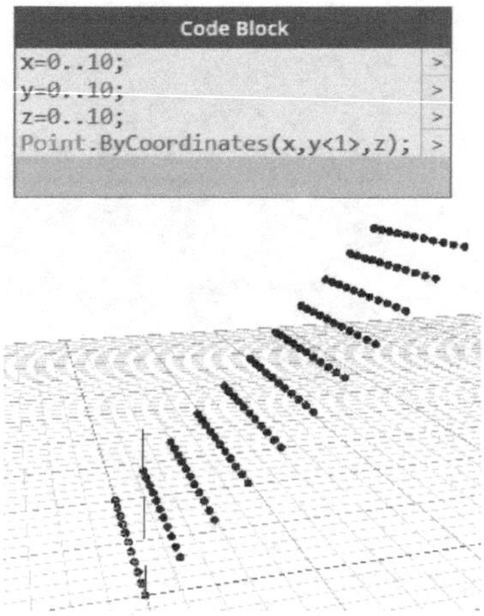

图 3-14

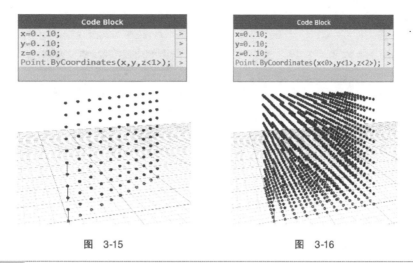

图 3-15   图 3-16

3.2 Dynamo 节点至代码

大部分 Dynamo 内置节点均可转换为 DesignScript 代码，方法同第 3.1 节介绍的 Code Block 调用节点。也可通过框选需要转换为代码的所有节点，右键单击选择"节点至代码"，如图 3-17 所示。

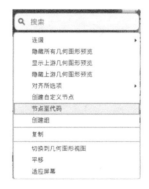

图 3-17

3.3 DesignScript 语法特征

3.3.1 分号

DesignScript 语法中每段程序必须以分号结束；原则上来说每一行就是一段，每一段均以分号结尾。分号同时是声明表达式的标记。当表达式过长时通过回车键换行，表达式结束时以分号结束，如图 3-18 所示。

图 3-18

3.3.2　注释

注释是脚本中的辅助性文字，会被编译器或解释器忽略，不被 Dynamo 执行，可增强脚本可读性，一般用于对脚本语法的说明。

DesignScript 支持两种注释（图 3-19）：

单行注释：使用"//"开头，注释"//"后面的所有内容。

多行注释：使用"/＊"开头，使用"＊/"结束，注释"/＊"和"＊/"之间的所有内容。

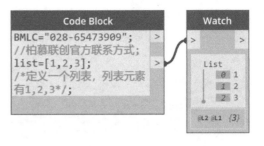

图　3-19

🔊 提示

注释并不会影响语法。

3.4　命名特点

Dynamo 命名有如下特点：

(1)　命名由字母、数字、下画线、汉字组成，且不能以数字开头。

(2)　识别字母大小写，Bmlc 与 bmlc 表示不同的变量或函数名称。

(3)　不能使用系统关键字或保留字命名，如 def、string、null、true 等。

(4)　遵循驼峰命名原则，即关键句单词与单词之间没有空格，单词首字母大写；关键句之间以"."隔开。一般"."前为创建/操作/查询的对象，"."后为创建/操作/查询的方法。如 AdaptiveComponent. ByPoints：通过点的二维列表创建自适应构件列表；再如 Point. ByCoordinates：通过坐标创建点。

3.5　关联式与命令式语法

3.5.1　定义

(1)　关联式语法：语句的所有项都在语句本身之前执行，与语句在主体代码中出现的顺序无关。

默认状态下，Dynamo CodeBlock 语法为关联式语法。如图 3-20 所示，由于关联式语法跟语句顺序无关，当执行 x = y 语句时，由于变量 y 已经被赋值"BMLC"，因此变量 x 的值为"BMLC"。

(2)　命令式语法：主体代码严格按照书写顺序执行。传统 C#、Python 语言均为命令式语法。

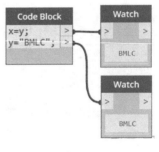

图　3-20

3.5.2　语法转换

DesignScript 同时支持"关联式"语法和"命令式"语法。语法转换格式如下：

1. **"命令式"语法结构**

变量 = ［Imperative］

{

主体代码；

return 返回值；

}

注意：

（1）语法声明可不添加任何变量，直接声明［Imperative］{主体代码；return 返回值；}。

（2）Imperative 首个字母要大写。

（3）中括号"［］"后没有任何标点符号。

（4）大括号"{}"内语句均需以";"结束。

（5）return 后为返回值，也可添加"="赋值符号：return = 返回值。

（6）大括号"{}"后可加分号";"，也可以不加任何标点符号。

（7）语法可接受无返回值。

如图 3-21 所示，默认"关联式"语法转换为"命令式"语法。

2. **"关联式"语法结构**

变量 = ［Associative］

{

主体代码；

return 返回值；

}

注意事项同"命令式"语法结构。

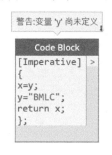
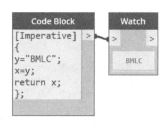

图 3-21

3.5.3 应用

"关联式"语法支持关联性同步更新，"命令式"语法不支持。

If 函数、for 循环等表达式语法结构仅可以在"命令式"语法结构中应用，"关联式"语法不支持。

3.6 函数

函数关键字：def。

语法：def 函数名（参数 1，参数 2，…）

    {函数主体；

     return = output；

    }

如图 3-22 所示：定义了一个函数，函数名为 BMLC，函数功能为求三个变量之和。

注意：

（1）函数名称需要满足基本命名规则（下画线、大小写字母、数字组成，不能以数字开

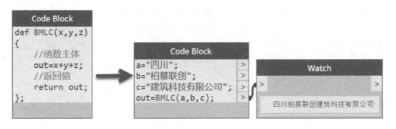

图 3-22

头），同时最好不要与已有的函数名或关键词同名。

（2）参数接收输入数据，没有参数时使用小括号" ( ) "，有多个参数时用逗号" , "分隔。

（3）定义参数的小括号" ( ) "后不需要任何标点符号。

（4）函数主体代码使用大括号" { } "定义，主体代码每行需用分号" ; "结尾。

（5）return 后为返回值，也可添加" = "赋值符号：return = 返回值。

（6）函数作用域为当前 Dynamo 文件，即在当前 Dynamo 文件中的其他 Code Block 语块中也可调用函数。

3.7 条件判断

DesignScript 语法中条件判断仅在"命令式"语法中有效。

语法格式如下：

if（判断条件）

{

执行语句1；

}

else

{

执行语句2；

}

判断条件为真时执行语句1，判断条件为假时执行语句2。

if（判断条件1）

{

执行语句1；

}

elseif（判断条件2）

{

执行语句2；

}

else

{

执行语句 3;

}

判断条件 1 为真时执行语句 1;判断条件 1 为假时,执行判断条件 2;判断条件 2 为真时,执行语句 2;当判断条件 2 为假时,执行语句 3。

如图 3-23 所示。

注意:

(1) [Imperative] {};为"命令式"语法代码声明。

(2) if、elseif 后的括号、大括号后无任何标点符号(大括号后可选择性添加";")。

图 3-23

3.8 循环

循环是一种编程语法结构,允许程序对一组合中的元素——循环进行操作,也可以设定一个变量为布尔值的条件重复判断,直到条件判断值为假时终止执行。

DesignScript 语法中循环语句仅在命令式代码中有效。

3.8.1 for 循环

for 循环一般需要一个列表做参数,可以实现对列表中的每个元素进行循环运算。

语法:

for(临时变量 in 参数列表)

{

循环主体代码;

}

如图 3-24 所示。

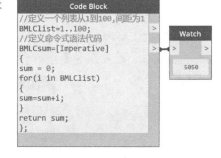

图 3-24

3.8.2 while 循环

while 循环是条件重复循环,每循环一次会判断一次条件,如果条件判断为真则继续下一循环;如果条件判断为假就退出循环。

语法:

while(判断式或布尔值变量)

{

循环主体代码

}

如图 3-25 所示。

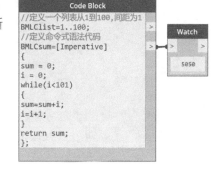

图 3-25

3.8.3 break 表达式

break 表达式是跳出整个循环体,不再执行循环。

语法：break；

如图 3-26 所示，当变量 i 等于 10 时，退出整个 while 循环，即计算 1 到 9 的列表之和。

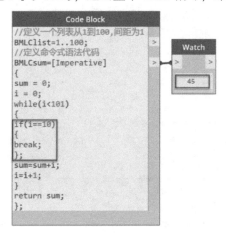

图 3-26

3.8.4 continue 表达式

continue 为终止当前循环，继续执行下一个循环。

语法：continue；

如图 3-27 所示，"%" 为求余数运算符，当循环变量 i 除 2 的余数为 0（偶数）时，执行 continue 语句；当循环变量 i 为奇数时执行累加，最终结果为 1 到 100 的奇数和。

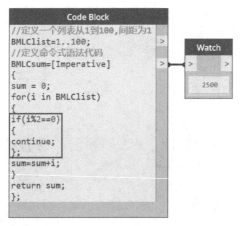

图 3-27

3.9 实例：DesignScript 数据处理

1. 案例背景

第 2.9 节 "案例 9：市政道路解决方案 2" 中介绍了市政道路按里程或按施工段拆分并编码的解决方案。其中重难点是怎么把一维线性点列表，通过节点数据处理，变换成标准二维数据格式。本案例将介绍用本章所学 DesignScript 语法知识，快速解决上述数据变换。

2. 解决方案

同第 2.9 节 "案例 9: 市政道路解决方案 2" 方法, 先根据里程数据获取道路设计线点数据, 再通过平移获取道路边缘点数据。

应用 CodeBlock for 循环函数, 遍历边缘点列表索引, 根据放置自适应族所对应的二维点数据格式, 创建二维点列表。最后应用 AdaptiveComponent. ByPoints (通过二维点列表数据放置自适应构件) 节点, 批量放置路面自适应族。

3. 案例知识点

- CodeBlock [Imperative]
- CodeBlock 调用 List. Count ( )
- DesignScript for 函数
- DesignScript if 函数
- DesignScript break 函数

4. 案例详解

接第 2.9 节 "案例 9: 市政道路解决方案 2" 案例详解, 现已创建了道路边缘的点列表, 如图 3-28 所示。

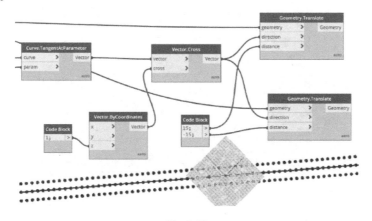

图 3-28

现在需要通过数据处理, 重新组织一个新的二维列表, 如图 3-29 所示。

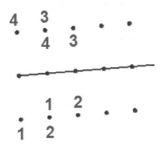

图 3-29

分别将道路边缘点列表, 赋值到 CodeBlock 中的参数 points1 和 points2, 如图 3-30 所示。

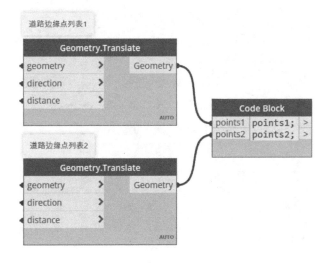

图 3-30

应用 DesignScript 语法编辑，如图 3-31 所示。

```
Code Block
points1 points1;
points2 points2;
/*计算points1列表元素项数，
(由于作者个人电脑安装了其它与List的同名库，
所有调用List.Count时需加调用DSCore)*/
n=DSCore.List.Count(points1);
//构造points1列表的索引列表
list1=0..n-1;
//命令式语法声明，循环和判断函数必须在命令式语法中应用。
BMLC=[Imperative]
{
outpoints=[];
//构造一个空列表;
for(i in list1)
{
    if(i==n-1)//for循环到最后一项时，终止循环
    {
    break;
    };
    //根据遍历顺序，赋值新的二维列表
    outpoints[i]=[points1[i],points1[i+1],points2[i+1],points2[i]];
}
//将outpoints作为命令式声明语句BMLC的返回值;
return outpoints;
};
```

图   3-31

运算结果与原数据处理结果相同，如图 3-32 所示。

```
Watch
>                                              >

List
  ▾0 List
      [0] Point(X = -294.611, Y = 224.
      [1] Point(X = -286.904, Y = 217.
      [2] Point(X = -267.787, Y = 241.
      [3] Point(X = -275.494, Y = 247.
  ▾1 List
      [0] Point(X = -286.904, Y = 217.
      [1] Point(X = -279.197, Y = 211.
      [2] Point(X = -260.080, Y = 234.
      [3] Point(X = -267.787, Y = 241.
  ▾2 List
      [0] Point(X = -279.197, Y = 211.
      [1] Point(X = -271.491, Y = 205.
      [2] Point(X = -252.374, Y = 228.
      [3] Point(X = -260.080, Y = 234.
  ▾3 List
      [0] Point(X = -271.491, Y = 205.
@L3 @L2 @L1                          {296}
```

图   3-32

应用 AdaptiveComponent. ByPoints（通过二维点列表数据放置自适应构件节点），放置路面四点自适应族，如图 3-33 所示。

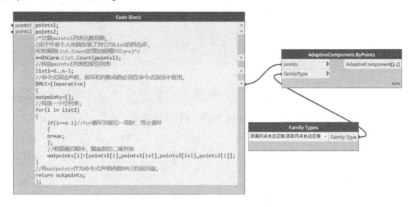

图　3-33

5. 练习题：异形幕墙嵌板坐标提取

应用 CodeBlock 循环语法，创建脚本解决第 2.5 节 "案例 5：异形幕墙嵌板坐标提取" 案例详解中数据处理及设置对应幕墙嵌板坐标参数的问题。

练习题答案（图 3-34、图 3-35）：

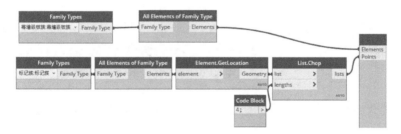

图　3-34

```
Code Block
Elements    //定义幕墙嵌板变量
Points      Elements;
            //定义嵌板坐标变量
            Points;
            //获取幕墙嵌板数量
            n=List.Count(Elements);
            //构造幕墙嵌板列表索引列表
            list1=0..(n-1);
            //命令式语法声明
            scbmlc=[Imperative]
            {
            //for循环幕墙嵌板索引列表
            for(i in list1)
            {   //设置幕墙嵌板第一个点坐标参数
                Elements[i].SetParameterByName("X1",Points[i][0].X);
                Elements[i].SetParameterByName("Y1",Points[i][0].Y);
                Elements[i].SetParameterByName("Z1",Points[i][0].Z);
                //设置幕墙嵌板第二个点坐标参数
                Elements[i].SetParameterByName("X2",Points[i][1].X);
                Elements[i].SetParameterByName("Y2",Points[i][1].Y);
                Elements[i].SetParameterByName("Z2",Points[i][1].Z);
                //设置幕墙嵌板第三个点坐标参数
                Elements[i].SetParameterByName("X3",Points[i][2].X);
                Elements[i].SetParameterByName("Y3",Points[i][2].Y);
                Elements[i].SetParameterByName("Z3",Points[i][2].Z);
                //设置幕墙嵌板第四个点坐标参数
                Elements[i].SetParameterByName("X4",Points[i][3].X);
                Elements[i].SetParameterByName("Y4",Points[i][3].Y);
                Elements[i].SetParameterByName("Z4",Points[i][3].Z);
                }
            };
```

图　3-35

第4章

Python Script语法

Dynamo 的引擎核心是 DesignScript，是一种面向对象的编程语言。因此要实现 DesignScript 与 Python 语言互联互通，就需要使用面向对象编程的基础（.NET）的 Python 方言版本，也就是 IronPython。在 Dynamo 的 PythonScript 节点中可以运用 IronPython 语法。IronPython 语法与 Python 语法基本相同。

Dynamo 应用程序通过 Python Script 节点，与 Python 语言无缝对接。相关 Python 语言基础语法参考菜鸟教程：https：//www. runoob. com/Python/Python-basic-syntax. html。

4.1 Python Script 节点

Python Script 节点目录为：</>Script→Editor→ Python Script，默认 Python Script 节点包含一个输入端口 IN［0］和一个输出端口 OUT。当有多个输入端口时，可通过单击输入端口后的"＋""－"手动增加或者减少输入的端口数量，Dynamo 会自动从上到下编号，如图 4-1 所示。

图 4-1

🔊 提示1

Python Script 节点不支持连缀功能。

🔊 提示2

Python Script 节点的输入端口不支持层级应用。

双击 Python Script 节点的空白区域或选中节点单击鼠标右键→编辑，打开该节点对应的 Python Script 代码编辑器，如图 4-2、图 4-3 所示。

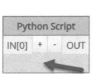

图 4-2

图 4-3

Dynamo 节点代码编辑器三个按钮【运行】【保存更改】【还原】分别表示：

【运行】在不退出代码编辑器的情况下执行代码以进行实时调试。因为节点需要输入端口数据完整才能运行，因此需要有实际数据连入输入端口方可进行实时调试。

【保存更改】保存修改的代码。

【还原】退出代码编辑器。

4.1.1　库引用

Import 是 Python 引入外部库（模块）的关键词。

【import clr】表示引入通用语言运行平台，clr 是 Common Language Runtime（通用语言运行平台）的简称，是微软 .NET 框架下的通用语言运行平台，是一个可以执行多种语言的运行环境。因为 Dynamo Python Script 需要和节点外 Design Script 语言进行交互，而 Design Script 又是另外一种编程语言，因此必须要 clr 这样的环境才能实现。

【clr. AddReference（）】一般外置库文件为 .dll 文件；当引入 .dll 库文件时，首先需要为其添加参照，这样 Python 才知道去加载引入的 .dll 库文件。

调用方法：clr. AddReference（.dll 文件名），其中 .dll 文件名不需要加 .dll 后缀。添加参照后，就可以通过关键词"import"从该 .dll 库文件中导入需要的资源。

【clr. AddReference（ProtoGeometry）】为 ProtoGeometry. dll 库添加参照，该库表示：处理 Dynamo 图形库，仅在处理 Dynamo 图形时需要。该库所在文件位置为：C：\ Program Files \ Dynamo \ Dynamo Core \ 2，如图 4-4 所示。

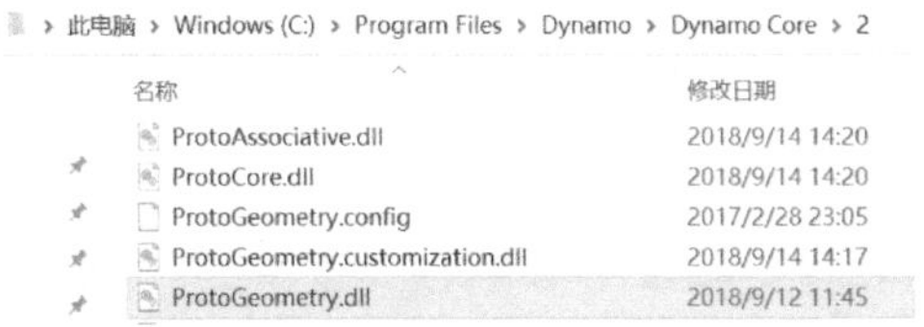

图　4-4

【from Autodesk. DesignScript. Geometry import *】：其中 from 命名空间 import *，为 Python 语法中引用该命名空间下的所有资源。from Autodesk. DesignScript. Geometry import * 表示引用 ProtoGeometry. dll 库文件中 Autodesk. DesignScript. Geometry 命名空间下的所有资源。该资源包含 Dynamo 图形处理节点。

只有在 PythonScript 节点中加载了

clr. AddReference（'ProtoGeometry'）

from Autodesk. DesignScript. Geometry import *

才能在该节点中应用 Dynamo 应用程序 Geometry 下所包含的节点。

> 提示
>
> 其他外部应用库详见"附录 3PythonScript 引入库"。

4.1.2　获取输入端口数据

前面讲解了 Python Script 节点输入端口 IN［0］，可通过 "＋" "－" 手动增加或者减少输入的端口数量，在代码编辑器中如何调用输入端数据，只需将 IN［0］赋值给变量名，如 values＝IN［0］；如有多个输入端数据，需赋值多个变量，如 value0＝IN［0］、value1＝IN［1］…

也可直接使用 IN［0］调用输入端数据，只是程序的可读性差一些，对于早期学习和维护程序，不如定义有意义的变量名字更加自然和简单。

4.1.3　程序功能主体

这部分就是节点功能的核心，根据需要进行编制。主体部分的代码也需要符合 Python 的基础语法规则。

4.1.4　赋值输出

最后是向节点外进行输出，即对变量 OUT 进行定义。如果仅输出一个数据，那就直接 OUT＝varue；如果需要输出多个数据，就需要将它们放在一个列表里，如 OUT＝［var0，var1，var2...］。必要时，输出的数据会需要在 Python Script 节点后，继续连接 CodeBlock 或 GetItemAtIndex 节点进行列表拆解来获取其中的数据。

4.2　Python 基础语法

4.2.1　行和缩进

Python 的代码块不使用大括号 {} 来控制类、函数以及其他逻辑判断。

Python 最具特色的就是用缩进来写模块。缩进的空白数量是可变的，但是所有代码块语句必须包含相同的缩进空白数量，这个必须严格执行。

在 Python 的代码块中必须使用相同数量的行首缩进空格数，建议在每个缩进层次使用单个制表符或两个空格或四个空格，切记不能混用，否则容易出现 "IndentationError：unindent does not match any outer indentation level" 的错误提示。这个提示表明使用的缩进方式不一致，有的是 tab 键缩进，有的是空格缩进，改为一致即可。

4.2.2　续行符

Python 代码中一般以新行作为语句的结束符，而在单行语句中，代码长度并无限制；但从程序可读性角度考虑，单行代码太长并不利于阅读；因此，Python 提供 "续行符" 可将单行代码分割为多行表达。续行符由反斜杠 "＼" 符号表达，如图 4-5 所示。

图　4-5

> **提示**
>
> 语句中如果包含有 [ ]、{ } 或（），则不需要使用续行符。
>
> 如图4-6 所示，[ ] 表示创建列表。

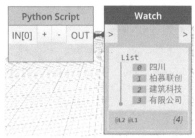

图 4-6

4.2.3 Python 引号

Python 可以使用单引号 ' '、双引号 " "、三引号 ''' '''来表示字符串，引号的开始与结束必须是相同类型的。

其中三引号可以由多行组成，编写多行文本的快捷语法；同时常用于文档字符串，在文件的特定地点，被当作注释，如图 4-7 所示。

图 4-7

4.2.4 Python 注释

Python 中单行注释采用#开头。注释可以出现在语句或表达式行末。

Python 中多行注释使用三个单引号 '''或三个双引号"""，如图4-8 所示。

```
R Python Script
1 # 启用 Python 支持和加载 DesignScript 库
          clr
3 clr.AddReference('ProtoGeometry')
4       Autodesk.DesignScript.Geometry        *
5
6 clr.AddReference('RevitNodes')#为RevitNodes.dll库文件添加参照
7 '''
8 表示引用RevitNodes.dll库文件
9 中Revit.Elements命名空间下的所有资源。
10 该资源包含dynamo Revit element下大部分节点。
11 '''
12      Revit.Elements        *
```

图 4-8

4.2.5 Python 空行

函数之间或类的方法之间用空行分隔，表示一段新的代码的开始。类和函数入口之间也用一行空行分隔，以突出函数入口的开始。

空行与代码缩进不同，空行并不是 Python 语法的一部分。书写时不插入空行，Python 解释器运行也不会出错。但是空行的作用在于分隔两段不同功能或含义的代码，便于日后代码的维护或重构。

> **提示**
>
> 空行也是程序代码的一部分。

缩进相同的一组语句构成一个代码块，称之为代码组。

像 if、while、def 和 class 这样的复合语句，首行以关键字开始，以冒号 "：" 结束，该行之后的一行或多行代码构成代码组，如图 4-9 所示。

```
7  input = IN[0]
8
9  # 将代码放在该行下面
10 if input > 0:
11     BMLC=1
12 elif input < 0:
13     BMLC=-1
14 else :
15     BMLC=0
16
17 # 将输出内容指定给 OUT 变量
18 OUT = BMLC
```

图 4-9

4.3 变量

（1）Python 的变量不需要声明，可以直接输入。

（2）变量命名由字母、数字、下画线组成；不能以数字开头。

（3）识别字母大小写，Bmlc 与 bmlc 表示不同的变量或函数名称。

（4）不能使用系统关键字或保留字命名，如 def、string、null、true 等。

4.4 基本数据类型

基本数据类型如图 4-10 所示。

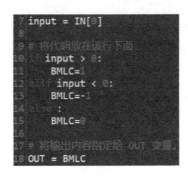

```
BMLC1=66        #int 整数
BMLC2=3.3       #float 浮点数
BMLC3=True      #布尔值真值(True/False)
BMLC4=[ ]       #list 列表
BMLC5={1:'value1','key2':'value2'} #dictionary 字典
out=BMLC5[1]
#只有在PythonScript编辑器中{}字典的key值可用数值和整数类型。
# 将输出内容指定给 OUT 变量。
OUT = out
```

图 4-10

4.5 列表

list（列表）是一组有顺序的元素的集合。列表可以包含一个或多个元素，也可以没有任何元素。之前所说的基本数据类型，都可以作为列表的元素。

BMLC = [True，5，'smile']　　　#BMLC 是一个 list。

一个列表作为另一个列表的元素：BMLC = [1，[3，4，5]]。

空列表：BMLC = []。

1. 下标引用

列表元素的下标从 0 开始，如图 4-11 所示。

```
22 BMLC=[1,2,3,[True,False]]
23
24 BMLC[0]        #引用BMLC列表的第一个元素，为1
25
26 BMLC[2]        #引用BMLC列表的第三个元素，为3
27
28 BMLC[3][1]     #引用BMLC列表的第四个元素列表的第2个元素，为False
```

图　4-11

2. 切片引用

切片引用如图 4-12 所示。

```
11 BMLC=range(1,10,1) #调用range创建一个从1到9间距为1的列表(list)为
   [1,2,3,4,5,6,7,8,9]
13 out=BMLC[:5]  #从开始到下标4(下标5的元素不包括在内)为[1,2,3,4,5]
14
15 out=BMLC[2:]  #从下标2到最后(包括最后一项)，为[3,4,5,6,7,8,9]
17 out=BMLC[0:5:2]  #从下标0到下标4(下标5不包括在内)，每隔2取一个元素
   (下标为0,2,4的元素)，为[1,3,5]
19 out=BMLC[4:0:-1] #从下标4到下标1(下标0不包括在内)，为[5,4,3,2]
21 #尾部序列引用
23 out=BMLC[-1]     #序列最后一个元素为9(是元素本身整数9，而不是序列[9])
25 out=BMLC[-3]     #序列倒数第三个元素为7
27 out=BMLC[0:-1] #最后一个元素不会被引用为[1,2,3,4,5,6,7,8]
```

图　4-12

◀) 提示1

string 字符串是特殊的有序列表，也可以进行切片运算。

◀) 提示2

在范围引用的时候，如果写明上限，那么这个上限本身不包括在内。

4.6 运算

4.6.1 数学运算

数学运算如图 4-13 所示。

```
11 BMLC = 2+3        # 加法
13 BMLC = 1-4        # 减法
15 BMLC = 3*5        # 乘法
17 BMLC = 4.5/1.2    # 除法
19 BMLC = 4.5//1.2   # 整除
21 BMLC = 3**2       # 乘方
23 BMLC = 10%3       # 求余数
```

图 4-13

4.6.2 判断

判断是真还是假，返回值 True/False，如图 4-14 所示。

```
11 1==2              # 相等
13 8.0!=8.0          # !=, 不等
15 3<3, 3<=3         # <, 小于; <=, 小于等于
17 4>5, 4>=4         # >, 大于; >=, 大于等于
19 5 in [1,3,5]      # 5是list [1,3,5]的一个元素
```

图 4-14

4.6.3 逻辑运算

True/False 之间的运算，如图 4-15 所示。

```
11 True and True     # and, "与"运算，两者都为真才是真
13 True or False     # or, "或"运算，其中之一为真即为真
15 not True          # not, "非"运算，取反
```

图 4-15

4.7 条件判断

Python 最具特色的是用缩进来表明成块的代码。下面以 if 选择结构来举例。

if 后面跟随条件，如果条件成立，则执行归属于 if 的一个代码块，如图 4-16 所示。

```
1  # 启用 Python 支持和加载 DesignScript 库
2  import clr
3  clr.AddReference('ProtoGeometry')
4  from Autodesk.DesignScript.Geometry import *
5
6  # 该节点的输入内容将存储为 IN 变量中的一个列表。
7  dataEnteringNode = IN
8
9  # 将代码放在该行下面
10 i = 1
11 x = 1
12 if i > 0:
13     x = x+1
14 OUT = x
```

图 4-16

程序运行到 if 的时候，条件为 True，因此执行 x = x + 1，OUT = x 语句没有缩进，那么就是 if 之外。

如果将第一句改成 i = − 1，那么 if 遇到假值（False），x = x + 1 隶属于 if，这一句跳过。OUT = x 没有缩进，是 if 之外，不跳过，继续执行。

这种以四个空格的缩进来表示隶属关系的书写方式，强制缩进增强了程序的可读性。

if. . elif. . else 语法如图 4-17 所示。

这里有三个块，分别由 if，elif，else 引领。

Python 检测条件，如果发现 if 的条件为假，那么跳过后面紧跟的块，检测下一个 elif 的条件；如果还是假，那么执行 else 块。

通过上面的结构将程序分出三个分支。程序根据条件，只执行三个分支中的一个。

图 4-17

4.8 Python 内置函数

4.8.1 len（）

语法：len（s）：返回对象 s 中元素个数。

实例：如图 4-18 所示。

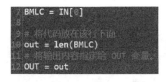 

图 4-18

4.8.2 list. append（）

语法：list. append（obj）：append（）函数用于在列表末尾添加新的对象。

其中：

list：列表对象。

obj：添加到列表末尾的对象。

实例：如图 4-19 所示。

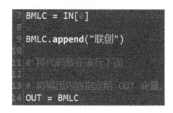 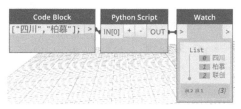

图 4-19

🔊 提示

append（）函数无返回值，但是会修改原本的列表。

4.8.3　range（）

语法：range（start，stop，step）

range（）函数可创建一个整数列表，一般用在 for 循环中。

start：计数从 start 开始。默认是从 0 开始。例如 range（5）等价于 range（0，5）。

stop：计数到 stop 结束，但不包括 stop。例如：range（0，5）是［0，1，2，3，4］没有 5。

step：步长，默认为 1。例如：range（0，5）等价于 range（0，5，1）。

实例：如图 4-20 所示。

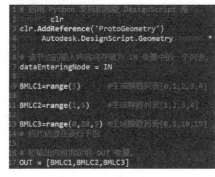

图 4-20

4.9　循环

4.9.1　for 循环

for 循环需要预先设定好循环的次数（n），然后执行隶属于 for 的语句 n 次。

语法：

for 元素 in 序列：

语块

实例：

图 4-21 所示循环是每次从表［1，2，3，4，5］中取出一个元素，与 sum 做加法运算，最终获得 sum 与列表中所有元素的和，sum = 15。

```
1 # 启用 Python 支持和加载 DesignScript 库
2        clr
3 clr.AddReference('ProtoGeometry')
4        Autodesk.DesignScript.Geometry
5
6 # 该节点的输入内容将存储为 IN 变量中的一个列表。
7 dataEnteringNode = IN
8
9 # 将代码放在该行下面
10 sum =0
11 for i in [1,2,3,4,5]:
12     sum=sum+i
13
14 OUT = sum
```

图　4-21

4.9.2　while 循环

While 语法：

While 条件：

语块

While 会不停地循环执行隶属于它的语块，直到条件判断为假（False）。

实例：如图 4-22 所示。

```
1 # 启用 Python 支持和加载 Desi
2         clr
3 clr.AddReference('ProtoGeome
4      Autodesk.DesignScript.G
5
6 # 该节点的输入内容将存储为 IN
7 dataEnteringNode = IN
8
9 # 将代码放在该行下面
10 i=0
11 list = []
12     i < 10:
13     list.append(i)
14     i = i + 1
15
16 OUT = list
```

图　4-22

4.9.3　中断循环

continue 语句表示在循环的某一次执行中，如果遇到 continue，则跳过这一次执行，进行下一次的操作。

实例：求 1～100 的列表中的奇数和为 2500，如图 4-23 所示。

```
9 BMLC=range(1,101)      #生成整数列表[0,1,2,...,100]
10
11 sum=0
12
13     i    BMLC:
14        i%2==0:          #判断i除2的余数是否为0，即判断i是否为偶数，
15                          #若i为偶数执行continue，跳过本次循环
16     sum=sum+i
17 # 将代码放在该行下面
18
19 # 将输出内容指定给 OUT 变量
20 OUT = sum
```

图　4-23

break 语句表示停止执行整个循环

实例：求 1～100 的序列累加之和为 5050，如图 4-24 所示。

```
9 i=0
10
11 sum=0
12
13     True:          #条件判断总为真，即一直执行循环
14     i > 100:        #当i大于100时，执行break，即停止整个循环
15
16     sum=sum+i
17     i=i+1
18
19 # 将代码放在该行下面
20
21 # 将输出内容指定给 OUT 变量
22 OUT = sum
```

图　4-24

4.10 函数

函数最重要的目的是方便重复使用相同的一段程序。

将一些操作隶属于一个函数，以后你想实现相同的操作的时候，只需调用函数名就可以，而不需要重复输入所有的语句。

4.10.1 函数的定义

首先，要定义一个函数，以说明这个函数的功能。

语法：

def 函数名（参数1，参数2，…）：

函数主体

return 函数返回值

图4-25 所示函数的功能是求两个数的平方和。

```
 9 def square_sum(a,b):    #定义函数，函数名为square_sum,函数参数有a,b
10     out=a**2+b**2       #函数主体为求参数a,b的平方和
11         out             #函数返回值为参数a,b的平方和
12
13 BMLC=square_sum(3,4)    #调用函数square_sum
14
15 # 将输出内容指定给 OUT 变量。
16 OUT = BMLC
```

图 4-25

首先，*def* 这个关键字通知 Python：我在定义一个函数，square_sum 是函数名。

括号中的 a，b 是函数的参数，是对函数的输入。参数可以有多个，也可以完全没有（但括号要保留）。

之前在循环和选择中讲过冒号和缩进来表示的隶属关系。

out = a * *2 + b * *2   #这一句是函数内部进行的运算。

return out   #返回 c 的值，也就是输出的功能。Python 的函数允许不返回值，也就是不用 return。

在 Python 中，当程序执行到 return 的时候，程序将停止执行函数内余下的语句。return 并不是必需的，当没有 return，或者 return 后面没有返回值时，函数将自动返回 None。None 是 Python 中的一个特别的数据类型，用来表示什么都没有，相当于 C 中的 NULL。None 多用于关键字参数传递的默认值。

4.10.2 函数调用

定义过函数后，就可以在后面程序中使用这一函数。

BMLC = square_sum（3，4）

Python 通过位置，知道 3 对应的是函数定义中的第一个参数 a，4 对应第二个参数 b，然后把参数传递给函数 square_sum。

函数经过运算，返回值 out = 25。

4.11 模块

之前看到了函数和对象。从本质上来说，它们都是为了更好地组织已有的程序，以方便后期重复利用。

模块（module）也是为了同样的目的。在 Python 中，一个 py 文件就构成一个模块。通过模块，你可以调用其他文件中的程序（函数和对象）。

4.11.1 引入模块

先写一个 BMLC_first. py 文件，内容如下：

def square_sum（a，b）：

out = a * *2 + b * *2

return out

再写一个 BMLC_second. py 文件，并引入 BMLC_first 中的程序：

import BMLC_first

#调用方式为"模块.对象"即 BMLC_first. square_sum（a，b）。

out = BMLC_first. square_sum（3，4）

#最终 out 的值为 3 和 4 的平方和 25。

在 BMLC_second. py 中，使用 BMLC_first. py 中定义的 square_sum（a，b）函数。

引入模块后，可以通过"模块.对象"的方式来调用引入模块中的某个对象。上面例子中，BMLC_first 为引入的模块，square_sum（a，b）是引入的对象。

Python 中还有其他的引入方式。

import a as b　　　　　#引入模块a，并将模块a重命名为b。

from a import function1　#从模块a中引入function1对象。调用a中对象时，不用再说明模块，即直接使用function1，而不是a.function1。

from a import *　　　　#从模块a中引入所有对象。调用a中对象时，不用再说明模块，即直接使用对象，而不是a.对象。

Dynamo PythonScript 引入模块的方式与 Python 完全相同。

4.11.2 Dynamo 加载外部 Python 模块

在 Python 语言编译中，Python 会在以下路径中搜索它想要寻找的模块：

（1）程序所在的文件夹。

（2）标准库的安装路径。

（3）操作系统环境变量 PYTHONPATH 所包含的路径。

但默认状态下 Dynamo PythonScript 并不会在这些目录内查找 py 文件（模块），当尝试 import 一个位于这个目录中的 py 文件时，PythonScript 是找不到的，因为它不知道有这么个目录。因此，在加载外部 Python 模块是，首先要告诉 PythonScript 模块所在的目录。

调用方法如下：

先通过 Python 编译器，创建一个 BMLC. py 文件（模块），模块内容如下：

def square_ sum（a，b）：

out = a * * 2 + b * * 2

return out

#创建了一个 Python 文件（模块），在该文件中创建了一个求平方和的函数对象：square_
sum（a，b）。

并将该文件放置在 C 盘固定位置，C：\ 四川柏慕联创，如图 4-26 所示。

> 此电脑 > Windows (C:) > 四川柏慕联创

名称

BMLC.py

图　4-26

将 py 文件所在的目录，添加到 Dynamo PythonScript 所支持和搜索的路径中，这样，Py-
thonScript 就能在其中找到对应模块名称的 py 文件，从而正确地加载和导入。

要做到这一点，需要使用 sys. path. append 方法。这个方法只有一个参数，那就是需要添加
的目录，如图 4-27 所示。

图　4-27

4. 11. 3　模块包

可以将功能相似的模块放在同一个文件夹（比如说 this_ dir）中，构成一个模块包。通过
import this_ dir. module 引入 this_ dir 文件夹中的模块。

该文件夹中必须包含一个__ init__. py 的文件，提醒 Python，该文件夹为一个模块包。__
init__. py 可以是一个空文件。

4.12　实例：PythonScript 数据处理

1. 案例背景

第 2. 9 节 "案例 9：市政道路解决方案 2" 和第 3. 9 节 "实例：DesignScript 数据处理" 中
分别介绍了用 Dynamo 节点和 DesignScript 语法进行数据处理的方法，解决市政道路按里程或按
施工段拆分建模并编码的问题。本案例则介绍通过运用本章所学的 PythonScript 语法知识，处

理以上数据得到相同的结果的方法。

2. 解决方案

同第2.9节"案例9：市政道路解决方案2"方法，先根据里程数据获取道路设计线点数据，再通过平移获取道路边缘点数据。

应用 PythonScript for 循环函数，遍历边缘点列表索引，根据放置自适应族所对应的二维点数据格式，创建二维点列表。最后应用 AdaptiveComponent. ByPoints 节点，批量放置路面自适应族。

3. 案例知识点

- Python len（）函数
- Python range（）函数
- Python for 函数
- Python list. append（）函数

4. 案例详解

接第2.9节"案例9：市政道路解决方案2"，现已创建了道路边缘的点列表，如图4-28所示。

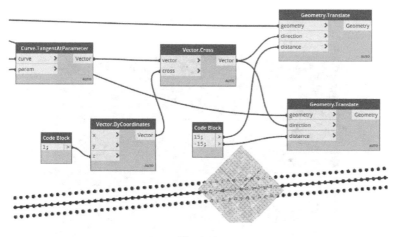

图 4-28

现在需要通过数据处理重新组织成一个新的二维列表，如图4-29所示。

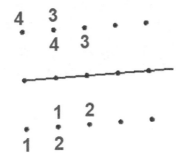

图 4-29

通过 PythonScript "＋" 添加一个输入端，并分别连接道路边缘点列表，如图 4-30 所示。

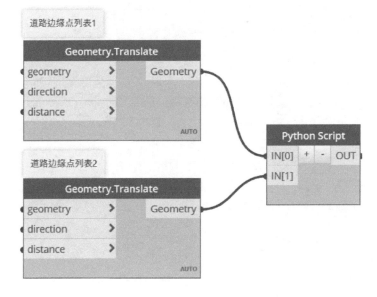

图　4-30

双击 PythonScript 节点，进入 PythonScript 编辑状态，如图 4-31 所示。

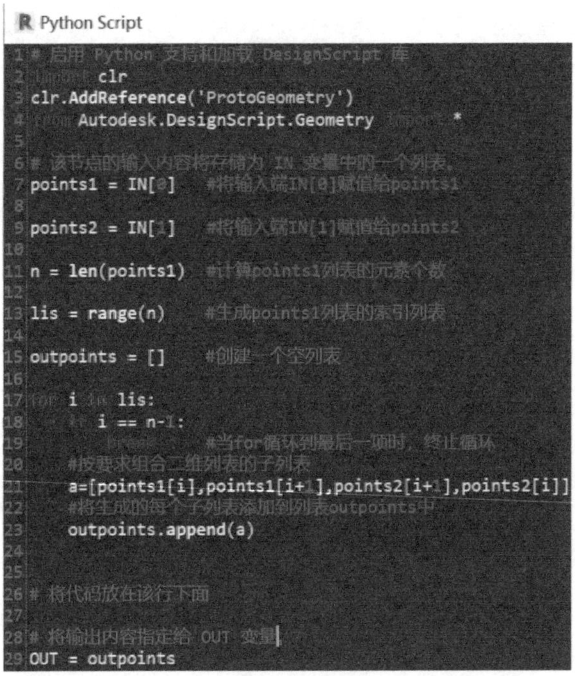

图　4-31

运算结果与原数据处理结果相同，如图 4-32 所示。

应用 AdaptiveComponent. ByPoints（通过二维点列表数据放置自适应构件）节点，放置路面四点自适应族，如图 4-33 所示。

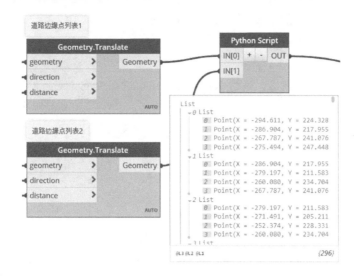

图 4-32

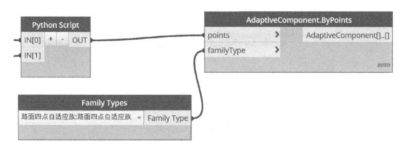

图 4-33

4.13 实例：管道底对齐

1. 案例背景

随着建筑功能体系日益完善，建筑内部机电管线越发错综复杂。目前利用 BIM 技术解决机电管线综合问题已经日益成熟，不仅节约工期、减少拆改，美观度也大大提升。

复杂区域管线排布时，一般会采用公共支架，将所有管线统一放置在一个大的支架上，如图 4-34 所示。这个时候就会遇到一个问题，模型中管线标高一般控制的是中心高度，这样不同尺寸的管线底部就不会都在支架上，部分会有悬空，如图 4-35 所示。

图 4-34

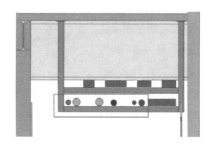

图 4-35

这时候就需要一个快捷的办法让这些管线统一底部对齐。本案例就介绍一种快速批量管线底部对齐的方法

2. 解决方案

首先，选择需要对齐的管道，通过 Element.GetParameterValueName（根据参数名获取参数值）节点，分别获取管道"偏移"和"外径"参数值。其次，计算被对齐管道底部相对标高偏移量："偏移" – "外径" /2。再次，框选要对齐的管道，获取其"外径"，通过要对齐管道的底部相对标高偏移量 + 对齐管道"外径" /2，计算出基准管道的偏移量。最后通过 Element.SetParameterByName（根据参数名设置参数的值）节点将该偏移量赋值给要对齐管道的"偏移"参数，如图4-36所示。

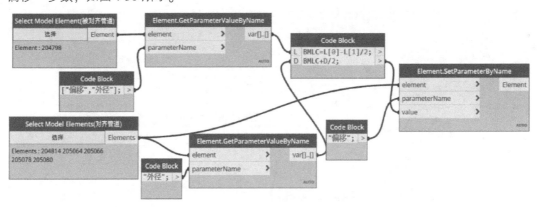

图 4-36

3. 案例知识点

- clr.AddReference（'RevitNodes'）
- from Revit.Elements import *
- PythonScript 调用 Element.GetCategory
- PythonScript 调用 Category.Name
- PythonScript 调用 Element.GetParameterValueByName
- PythonScript 调用 Element.SetParameterByName

4. 案例详解

以上解决方案只考虑管道，并未考虑当同时对齐矩形风管和水管的情况；如果全方位考虑，需要应用判断和循环。运用 PythonScript 解决方案如下：PythonScript 输入端有两个，一个是基准管线，需要点选；另一个是要对齐的管线，需要框选，如图4-37所示。

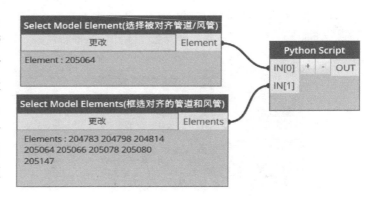

图 4-37

PythonScript 详解如图 4-38 所示。

R Python Script

```
1  # 启用 Python 支持和加载 DesignScript 库
2  import clr
3  clr.AddReference('ProtoGeometry')
4  from Autodesk.DesignScript.Geometry import *
5
6  clr.AddReference("RevitNodes")
7  from Revit.Elements import *
8
9  select1 = IN[0]        #被对齐管道或风管
10 a=select1.GetCategory  #获取select1的族类别
11 selname=a.Name         #获取被对齐管道或风管的族类别名称(管道或风管)
12
13 sels=IN[1]             #对齐的管道或风管
14 '''
   计算被对齐管道或风管底部高程偏移量,当为管道时提取"偏移"和"外径",
   当为风管时提取"偏移"和"高度"
16 '''
17
18 if selname=="管道":
19     b1=select1.GetParameterValueByName("偏移")
20     b2=select1.GetParameterValueByName("外径")
21 elif selname=="风管":
22     b1=select1.GetParameterValueByName("偏移")
23     b2=select1.GetParameterValueByName("高度")
24
25 gd=b1-b2/2             #被对齐管道或风管底部高程偏移量
26 out=[]                #创建返回的空列表
27 #遍历对齐管道或风管,并逐一判断,设置真偏移量
28 for i in sels:
29     icat=i.GetCategory    #获取遍历对象族类别
30     iname=icat.Name       #获取遍历对象族类别名称
31     if iname=="管道":     #如果遍历对象族类别名称为管道时执行
32         #获取遍历对象(管道)外径参数,并计算偏移量
33         d=gd+i.GetParameterValueByName("外径")/2
34         i.SetParameterByName("偏移",d)  #设置遍历对象(管道)偏移参数
35     elif iname=="风管":   #如果遍历对象族类别名称为风管时执行
36         #获取遍历对象(风管)高度参数,并计算偏移量
37         d=gd+i.GetParameterValueByName("高度")/2
38         i.SetParameterByName("偏移",d)  #设置遍历对象(风管)偏移参数
39     out.append(i)  #将设置偏移后的遍历对象添加到out列表中
40 # 将输出内容指定给 OUT 变量
41 OUT = out
```

图 4-38

可设置输入端 Select Model Element(选择基准管线)、Select Model Elements(框选需要对齐的管道和风管)为"是输入",然后加载到播放器中应用,播放器应用具体方法详见第 1.11 节"例题 10:应用 Dynamo 批量放置线性植被"。

脚本优化:

框选对齐管道时,很可能会选中管件之类的非管道或风管族类别,这样会增加脚本运算量且脚本可读性差。可在 Select Model Elements(框选对齐的管道和风管)节点后添加过滤器,过滤非管道或风管族类别,如图 4-39 所示。

PythonScript(过滤管道或风管)脚本

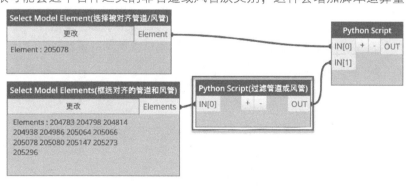

图 4-39

如图 4-40 所示。

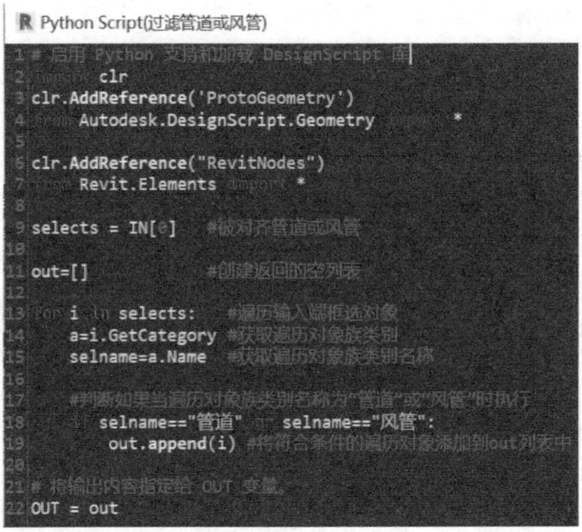

图 4-40

🔊 **提示**

以上脚本解决方案要求所对齐管道或风管须为同一参照标高，若管道参照标高不同，设置管道或风管偏移量时，还需考虑不同标高的高程差。

4.14 实例：按族类型分类设置构件顺序码

1. 案例背景

按照某项目编码要求，以族类型进行分类，为项目中每个图元编 6 位数顺序码，也就是分别为项目中相同的族类型编顺序码。详见第 2.7 节"案例 7：施工编码实例"，设置"构件实例属性代码"。

2. 解决方案

第 2.7 节"案例 7：施工编码实例"设置"构件实例属性代码"中，介绍了根据 Family Types、All Elements of Family Type 节点对，选择项目中相同的族类型图元，然后依次编码并赋值。该方法针对同一族类别的每个类型都需要运行一次脚本，工作量相对烦琐。

本案例作为以上方法的脚本优化，首先运用 Categories、All Elements of Category 节点对，选择项目中相同族类别的所有构件；然后对该类别所有构件按族类型分类，最后根据族类型分类依次编码。该方案运行一次脚本，则为一个族类别批量编码。

3. 案例知识点

- Def 自定义函数
- List. UniqueItems
- PythonScript 调用 SetParameterByName

4. 案例详解

（1）获取同一族类别的所有族类型名称。运用 Categories、All Elements of Category 节点对，选择项目中同一族类别的所有构件；再运用 FamilyType. Name 获取所有构件的类型名称；最后将所有相同的类型名称删除，便得到项目中同一族类别的所有族类型名称列表。如图 4-41 所示。

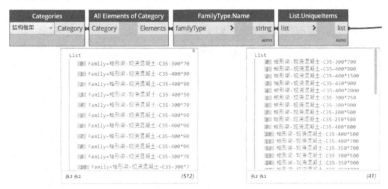

图　4-41

🔊 提示

List. UniqueItems 节点功能是生成输入列表中唯一项的新列表，即删除列表中相同元素。

（2）获取同一族类别的所有族类型。运用 FamilyType. ByName 节点，根据族类型名称获取族类型；再运用 All Elements of Family Type 节点，根据族类型获取项目中所有图元。列表是根据同一族类别的所有族类型展开，所以该列表为二维列表，如图 4-42 所示。

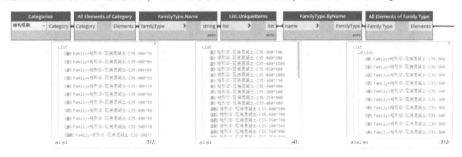

图　4-42

（3）运用 PythonScript 编码。运用 PythonScript 编码如图 4-43 所示。

图　4-43

PythonScript 脚本如图 4-44 所示。

```
R Python Script                                        —    □    ×

1  # 启用 Python 支持和加载 DesignScript 库
2        clr
3  clr.AddReference('ProtoGeometry')
4        Autodesk.DesignScript.Geometry

6  clr.AddReference('RevitNodes')  #为RevitNodes.dll库添加参照
7  #引用RevitNodes.dll库文件中Revit.Elements命名空间下的所有资源
8        Revit.Elements        *

10 def BMLCBM(a):          #自定义编码函数BMLCBM()，使其为6位数的字符串
11     b=str(a)            #将输入端转化为字符串
12     n=len(b)            #调用len()函数，计算b字符串字符位数
13        n<7:             #判断字符位数n是否小于7
14          c="0"*(6-n)+b  #当字符位数小于7时，在字符串前补(6-n)个"0"
15        else:
16          c=b
17        return c         #BMLCBM函数返回值
18
19 BMLClist = IN[0]  #将节点输入端IN[0],赋值给变量BMLClist
20
21 out=[]               #定义空列表，作为返回值
22 # 将代码放在该行下面
23 '''
24 len(BMLClist):计算BMLClist列表数量，注意：在这里BMLClist为二维列表，
25 len()函数只统计该列表中元素数量，即其子列表个数。
26 如列表list=[[1,2],[3,4,2],[4,5]],len(list)=3
27 '''
28 n=len(BMLClist)
29 lis=range(n)  #调用range函数生成序列，该序列为列表BMLClist的索引
30 for i in lis:  #遍历序列(索引)
31     n1=len(BMLClist[i])  #计算BMLClist中第i个子列表元素数量
32     lis1=range(n1)       #生成序列，为子列表索引
33        j   lis1:        #遍历子列表索引
34          d=BMLCBM(j+1)   #引用自定义函数BMLCBM(),将子列表索引值+1,补位为6位数编码
35          out.append(d)   #将编码d添加到out列表中
36 #调用Element.SetParameterByName节点，设置BMLClist[i][j]图元"构件实例属性代码"参数
37          BMLClist[i][j].SetParameterByName("构件实例属性代码",d)
38 # 将输出内容指定给 OUT 变量
39 OUT = out

▶ 运行                                    保存更改    还原
```

图   4-44

附 录

附录 1 Dynamo 节点目录对照翻译表

Dictionary：字典	ByKeysValues（通过键和值）生成类
	Components（组件）操作类
	RemoveKeys（删除键）操作类
	SetValueAtKeys（设置键值）操作类
	ValueAtKeys（键的值）操作类
	Count（数）查询类
	Keys（键）
	Vaules（值）
Display：显示	Color（颜色）
	Color Range（颜色范围）
	Watch（查看）
Geometry：几何学	Abstract（抽象的概念，摘要）
	Cruves（曲线）
	Meshes（网格）
	Modifiers（修改，编辑）
	points（点）
	solids（固体）
	surfaces（面）
	Tessellation（镶嵌）
ImportExport：导入导出	Data（数据）
	File System（文件系统）
	Image（图形）
	Web（网页）
Input：输入	Basic（基础数据）
	DateTime（时间数据）
	Location（位置）
	Object（对象）
	TimeSpan（时间间隔）

（续）

	Generate（生成）
List：列表	Inspect（检查）
	Match（匹配）
	Modify（修改，修饰）
	Organize（组织）
Math：数学	Functions（函数）
	Logic（逻辑运算）
	Operators（运算符）
	Units（单位转换）
Revit	Analyze（分析）
	Application（应用）
	Elements（元素）
	Filter（过滤器）
	References（参照，参考）
	Schedules（明细表）
	Selection（选择）
	Transaction（办理）
	Views（视图）

附录2　向量

向量（Vector）：即有大小又有方向的量，也叫矢量。

1. 向量加法运算（附图2-1）

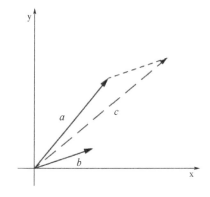

附图　2-1

可以通过坐标点构建向量，即 Vector. ByCoordinates 节点，如附图2-2所示。

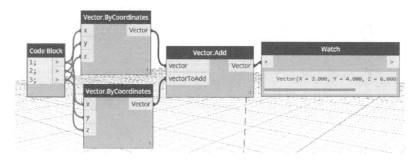

附图 2-2

2. 向量减法运算（附图2-3）

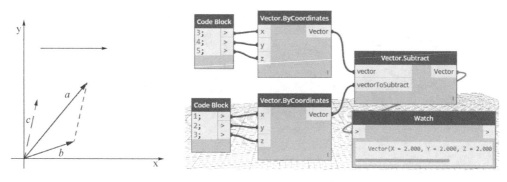

附图 2-3

3. 向量数乘运算：Vector. scale（附图2-4）

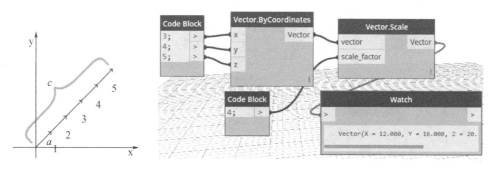

附图 2-4

4. 向量积（叉积）运算（Vector. Cross）（附图2-5、附图2-6）

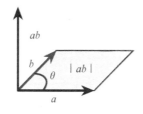

附图 2-5

向量积，数学中又称外积、叉积，其运算结果是一个向量而不是一个标量，并且两个向量的叉积与这两个向量和垂直。

大小：$|\vec{a}\vec{b}| = |\vec{a}||\vec{b}|\sin\theta$

方向：a 向量与 b 向量的向量积的方向与这两个向量所在平面垂直，且遵守右手定则。在这里 θ 表示 a 和 b 之间的角度（$0°\leqslant\theta\leqslant180°$），它位于这两个向量所定义的平面上。而 ab 是一个与 a、b 所在平面均垂直的单位向量。

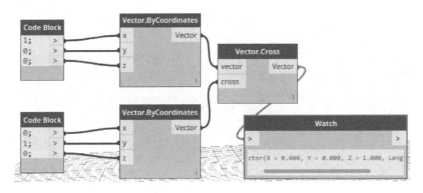

附图　2-6

在 Dynamo 中，可以通过两向量确定其所在面上的法向向量。

5. 向量点积运算（Vector. Dot）（附图 2-7）

点积在数学中，又称数量积，是指接受在实数 R 上的两个向量并返回一个实数值标量的二元运算。

特性：两个向量的点积为 0，当且仅当两者垂直。

$$\vec{a}\vec{b} = |\vec{a}||\vec{b}|\cos\theta$$

$$\vec{a}\vec{b} = x_1x_2 + y_1y_2 + z_1z_2$$

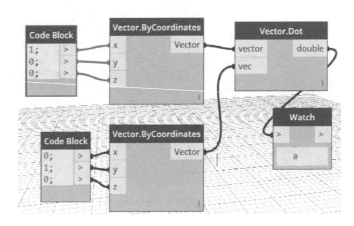

附图　2-7

附录3　PythonScript 引入库

1. 引用 Python 数学函数

【import math】引入 Python 数学函数，调用方法 math. sin（0），如附图 3-1 所示。

2. 引用 Dynamo list 节点

clr. AddReference（'DSCoreNodes'）

from DSCore import *

【clr. AddReference（'DSCoreNodes'）】为
DSCoreNodes. dll 库添加参照，该库表示：处理
Dynamo 核心库如 list 数据处理/color。该库所在
文件位置为：C:\ Program Files \ Dynamo \ Dynamo
Core \ 2。

附图　3-1

【from DSCore import *】表示引用 DSCoreNo-
des. dll 库文件中 DSCore 命名空间下的所有资源。
该资源包含 dynamo list 数据处理方法、String 相关处理、DateTime 等。

只有在 PythonScript 节点中引用了以上资源，才能在该节点编辑器中引用 Dynamo core 相关节点
功能，如 list 数据处理节点。如附图 3-2 所示，应用 PythonScript 节点编辑器调用 List. RestOfItems
（删除列表第一项）节点。

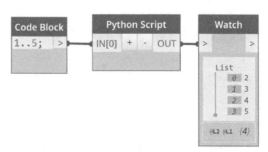

附图　3-2

3. 引用 Revit 分支节点

clr. AddReference（'RevitNodes'）

from Revit. Elements import *

【clr. AddReference（'RevitNodes'）】为 RevitNodes. dll 库添加参照，该库表示：处理 Revit
构件及各种对象，甚至包括在 Revit 的用户交互选择。该库所在文件位置为：C:\ Program Files \ Dy-
namo \ Dynamo Core \ 2。

【from Revit. Elements import *】表示引用 RevitNodes. dll 库文件中 Revit. Elements 命名空间
下的所有资源。该资源包含 dynamo Revit element 下大部分节点。如附图 3-3 所示，应用

PythonScript编辑器调用 element. SetParameterByName（"实例参数名"，"参数值"），设置图元的参数值。本案例表示将输入端数据赋值给变量 BMLC_element，并将其图元的"注释"参数，设置为"柏慕联创"。

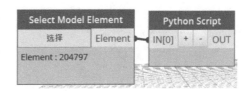

附图　3-3

Revit 分支节点是其 Dynamo for Reivt 自带的内置基础功能，非扩展的软件包功能，位于 R Revit 分支下。

在 Revit 分支下面，也有大量的子分支来帮助处理 Revit 构件及各种对象，甚至包括在 Revit 的用户交互选择。

引用 Reivt 分支不能像 DSCore 一样简单地用 from Revit import * 引入，因为 DSCore 功能相对单一和简单，而 Revit 的命名空间下，包括了整个 Revit 中庞大的构件、图形处理及数据库管理等功能，根据统计，Revit 下包括有 Revit API 定义和开放的约1700 个类、50 个接口和500 个枚举。一下子把它们全部导入进来，将会非常消耗系统资源，不利于提高程序运行速度和效率，如附图 3-4 所示，仅为 Revit 的 Elements 分支下的元素。

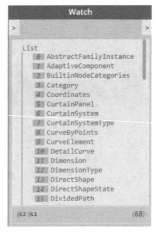
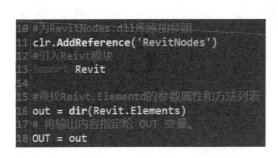

附图　3-4

可以看到在 Elements 下面，就有 68 种不同类型的数据对象。而要操作的对象，往往不是位于 Revit 命名空间的根上而是子级里面。这样的话，在调用时就需要不停地写很长的命名空间，如 Revit. Elements. Wall，尽管可以省略 Revit. ，但是后面的 Elements. 依然不可以省略。

大部分 Revit 构件，都位于 Revit. Elements 的下面，所以一般可以直接 from Revit. Elements import ＊ 来引入 Elements 下面的所有对象，即各种 Revit 构件。

附录 4　Dynamo 字典类型

1. 字典定义
与 list 数据类型一样，字典是 Dynamo 的一种可变容器数据类型，源于 Python 数据类型，字典的每个元素都是由 key 和 value 组成，简称键值对。在同一个字典里键是唯一的，而值不一定唯一。可以通过键快速查找键所对应的值。

2. 字典创建
在 CodeBlock 语法中创建字典与 Python 语法一致，字典的每个键值对（key：value）用冒号 "："分割，每个键值对之间用逗号 "，" 分割，整个字典包括在大括号 {} 中，格式如附图 4-1 所示。

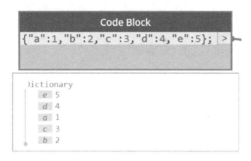

附图　4-1

🔊 **提示**

在 Code Block 中创建的字典，其 key 值数据类型不能为整数或数值。

通过节点 Dictionary. ByKeysValues 创建字典，分别输入 keys 和对应 values 数据列表，如附图 4-2 所示。

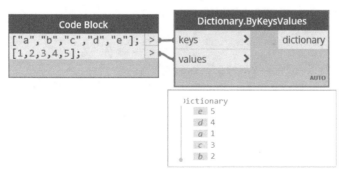

附图　4-2

用 Dictionary.ByKeysValues 节点创建的字典，其 key 值数据类型不能为整数或数值。

通过 Python Script 创建字典，如附图 4-3 所示。

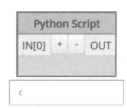

```
1 # 启用 Python 支持和加载 DesignScript 库
2 import clr
3 clr.AddReference('ProtoGeometry')
4 from Autodesk.DesignScript.Geometry import *
5
6 # 该节点的输入内容将存储为 IN 变量中的一个列表。
7 dataEnteringNode = IN
8 dict={1:"a",2:"b",3:"c",4:"d",5:"e"};
9 a=dict[3]
10
11 # 将代码放在该行下面
12
13 # 将输出内容指定给 OUT 变量。
14 OUT = a
```

附图 4-3

在 PythonScript 中创建的字典，整数或数值可作为字典 key 值数据类型，并通过 key 值查询其对应的值。但不能将字典本身作为输出端输出。

3. 字典特性

无序性，字典里的元素没有序号（索引）。通过以上创建的字典也可看出字典元素间没有序号（索引）。

在 Python 语言中字典可以存储任意类型对象。但 Dynamo 节点中的 keys 值只能为字符串，若要字典 keys 值为非字符串数据类型时，需用 PythonScript 节点调用 Python 语法，如上述"通过 Python Script 创建字典"。

4. 字典应用

节点 Dictionary.ValueAtKey，通过键查找值，如附图 4-4 所示。

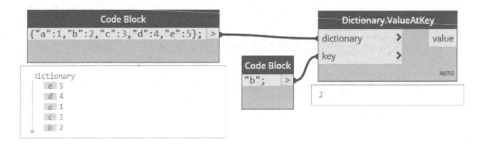

附图 4-4

附录 5　Dynamo 快捷键总结

（1）按 F5 运行 Dynamo 程序。

（2）按住 ESC 键可以浏览视图中的形体，或者用 CTRL + B 来切换形体观察模式/节点编辑模式。

（3）按 ESC 键可以清空搜索框中的文字。

（4）使用 CTRL + L 自动整理所有节点。

（5）使用 CTRL + W 创建注释。

（6）双击鼠标左键，生成 Code block 节点（代码块节点）。

（7）在启用背景三维预览中，长按鼠标右键旋转 Dynamo 图形界面。

附录 6　Dynamo 节点应用查询表

节点所在章节	节点名称	节点功能
1.2 例题 1：应用 Dynamo 绘制 y = x（ -5≤x≤5 ）函数图像	Point. ByCoordinates	根据坐标生成点
	Number	创建数值
	Line. ByStartPointEndPoint	通过两点创建线
1.3 例题 2：应用 Dynamo 绘制 y = x^2（ -5≤x≤5 ）函数图像	Range	根据起点、终点、步距创建数字（字母）列表
	Sequence	根据起点、数量、步距创建数字列表
	NurbsCurve. ByPoints	通过点创建样条曲线
1.4 例题 3：应用 Dynamo 绘制 y = sin（x）（ -2π≤x ≤2π）函数图像	Math. PI	常数 π，即 3. 14159…
	Math. DegreesToRadians	角度转换：度转换为弧度制
	Math. RadiansToDegrees	角度转换：弧度制转换为度
	Number Slider	数字滑块
1.5 例题 4：应用 Dynamo 绘制心形线	List Create	手动创建列表（列表合并）
	List. Reverse	列表倒序
	List. Flatten	列表拍平（按一定数量展开列表的嵌套列表）
	NurbsCurve. ByPoints（closeCurve）	通过点创建（是否）闭合的样条曲线
1.7 例题 5：应用 Dynamo 绘制螺旋线	List. Count	计算列表项数
	Code Block	详见第 3. 1 节 CodeBlock
	创建自定义节点	创建自定义节点
1.8 例题 7：应用柱面坐标系绘制螺旋线	Point. ByCylindricalCoordinates	通过柱面坐标系创建点

（续）

节点所在章节	节点名称	节点功能
1.9 例题 8：应用球面坐标系绘制球面螺旋线	Point. BySphericalCoordinates	通过球面坐标系创建点
1.10 例题 9：应用 Dynamo 放样实体并导入 Revit	Vector	向量，详见附录 2
	Solid. BySweep	放样生成实体
	Rectangle. ByWidthLength（plane，width，length）	通过长/宽创建闭合矩形轮廓
	Plane. ByOriginNormal	以原点为中心，通过输入法向量创建平面
	Curve. TangentAtParameter	通过参数（0~1），获取曲线上的切向量
	Curve. PointAtParameter	通过参数（0~1），获取曲线上的点
	ImportInstance. ByGeometry	Dynamo 几何学导入 Revit
1.11 例题 10：应用 Dynamo 批量放置线性植被	FamilyInstance. ByPoint	通过点数据插入族（对应族插入点）
	Family Types	族类型
	Select Model Element	在项目中选择图元
	Element. Geometry	获取 Element 的 Dynamo 几何学
	Curve. PointAtParameter	通过参数（0~1），获取曲线上的点
	Integer Slider	整数数字滑块
	Dynamo 播放器	封装成播放器，在项目中重复应用
1.12 例题 11：应用 Dynamo 批量放置阶梯座椅	连缀	Dynamo 特有的运算方式包含：自动、最短、最长、叉积
	Geometry. Translate（direction）	根据向量移动几何学
	Vector. ByCoordinates	根据坐标生成向量
	List. Transpose	列表互换行列（行列式转置）
1.13 例题 12：玛丽莲·梦露大厦 Dynamo 解决方案	Ellipse. ByOriginRadii	创建椭圆
	Geometry. Translate（direction，distance）	根据方向（向量）和距离移动几何学
	Geometry. Rotate（origin，axis，degrees）	旋转几何学
	Watch	查看器
2.1 案例 1：幕墙嵌板编号	All Elements of Family Type	获取该族类型的所有图元
	Element. GetParameterValueByName	获取图元参数值
	Element. SetParameterByName	设置图元参数值
	String	字符串
	List. FilterByBoolMask	根据布尔列表过滤列表项
	FamilyType. Name	获取族类型名称

（续）

节点所在章节	节点名称	节点功能
2.2 案例2：地下车位按设计路径自动排序编码	NurbsCurve. ControlPoints	获取样条曲线控制点
	Geometry. ClosestPointTo	获取该几何学上到其他几何学最近的点
	Curve. ParameterAtPoint	根据参数（0~1），获取曲线上的点
	PolyCurve. ByPoints	根据点创建多段线
	List. SortByKey	根据关键字对列表排序
2.3 案例3：自定义施工编码	Element. GetParameterValueByName	获取图元参数值
	Element. SetPatameterByName	设置图元参数值
	FamilyType. Name	获取族类型名称
	FamilyType. ByName	根据族类型名称获取族类型
2.4 案例4：根据坐标数据自动放置幕墙嵌板	File Path	选择外部文件路径
	File From Path	从路径（File Path）获取文件
	Data. ImportExcel	获取 Excel 文件数据
	AdaptiveComponent. ByPoints	根据二维点列表，放置自适应族
	List. Transpose	列表行列互换（行列式转置）
2.5 案例5：异形幕墙嵌板坐标提取	Element. GetLocation	获取图元位置（插入点）
	Element. SetPatameterByName	设置图元参数值
2.6 案例6：根据外部数据库批量添加参数	Dictionary. ByKeysValues	根据键和值生成字典，详见附录4
	Dictionary. ValueAtKey	根据键获取对应的值，详见附录4
	Parameter. CreateShared ParameterForAllCategories	创建共享参数
	Select Parameter Type	选择参数类型
	Select Builtln Parameter Group	选择参数分组方式
2.7 案例7：施工编码实例	String. PadLeft	通过在左边填充指定字符，生成固定长度的字符串
	Data. ImportExcel	获取 Excel 文件数据
	List. IndexOf	获取列表索引
	List. GetItemAtIndex	根据列表索引获取对应列表对象
	List. Transpose	列表行列互换（行列式转置）
2.8 案例8：市政道路解决方案1	List. RestOfItems	删除列表第一项
	List. DropItems	从列表开始删除指定数量的项数
	List. GetItemAtIndex	根据列表索引，获取列表对象
	Geometry. Transform	根据坐标系，变换几何学
	CoordinateSystem. ByOriginVectors	根据 X/Y 方向向量及原点生成坐标系
	PolyCurve. ByJoinedCurves	通过连接曲线生成一条多段线
	Solid. ByLoft	根据多个闭合曲线，融合生成实体
	Dynamo 使用级别	获取多维列表的不同层级对象

(续)

节点所在章节	节点名称	节点功能
2.9 案例9：市政道路解决方案2	Curve.PointAtSegmentLength	获取曲线弧长处的点
	Curve.Length	获取曲线长度
	Vector.Cross	向量叉积，详解附录2
	AdaptiveComponent.ByPoints	根据二维点列表，放置自适应族
	List.Chop	根据指定数值，等分列表
2.10 案例10：市政桥梁解决方案	FamilyInstance.ByPoint	根据点数据（插入点），放置族
	Parameter.CreateProjectParameter	为指定族类别创建项目参数
	Select Parameter Type	选择参数类型
	Select BuiltIn Parameter Group	选择参数分组方式
	Element.SetParameterByName	根据参数名称，设置图元参数
	List.IndexOf	获取列表索引
2.11 案例11：外部节点库——批量给族添加参数并赋值	Orchid	外部节点库"Orchid"
	Directory Path	文档目录路径（Dynamo 自带节点）
	Directory.Contents	读取目录内容（Orchid 库节点）
	Document.BackgroundOpen	打开文档（Orchid 库节点）
	Parameter.AddParameter	添加族参数（Orchid 库节点）
	Select Parameter Type	选择族类型（Dynamo 自带节点）
	Select BuiltIn Parameter Group	选择参数分组方式（Dynamo 自带节点）
	Document.Close	关闭文档（Orchid 库节点）
	Parameter.Delete	删除参数（Orchid 库节点）
3.9 实例：DesignScript 数据处理	CodeBlock［Imperative］	DesignScript 命令式语法定义
	CodeBlock 调用 List.Count()	调用 List.Count 节点，计算列表项数
	DesignScript for 函数	for 循环函数
	DesignScript if 函数	if 判断函数
	DesignScript break 函数	终止整个循环运算
4.12 实例：PythonScript 数据处理	Python len() 函数	计算列表中的项数
	Python range() 函数	生成序列
	Python for 函数	for 循环函数
	Python if 函数	if 判断函数
	Python break 函数	终止整个循环运算
	Python list.append() 函数	在 list 列表后添加项
4.13 实例：管道底对齐	clr.AddReference('RevitNodes')	为 RevitNodes.dll 库添加参照
	from Revit.Elements import *	引用 RevitNodes.dll 库文件中 Revit.Elements 命名空间下的所有资源

158

（续）

节点所在章节	节点名称	节点功能
4.13 实例：管道底对齐	PythonScript 调用 Element. GetCategory	获取对象族类别
	PythonScript 调用 Category. Name	获取对象族类别名称
	PythonScript 调用 Element. GetParameterValueByName	根据参数名获取参数值
	PythonScript 调用 Element. SetParameterByName	根据参数名设置其参数值
4.14 实例：按族类型分类设置构件顺序码	Def 自定义函数	PythonScript 自定义函数
	List. UniqueItems	删除列表中相同的项（取列表唯一项）
	PythonScript 调用 Element. SetParameterByName	根据参数名设置其参数值

参 考 文 献

［1］ Vamei. 从 Python 开始学编程 ［M］. 北京：电子工业出版社，2017.

［2］ Lutz M. Python 学习手册 ［M］. 秦鹤，林明，译. 北京：机械工业出版社，2018.

［3］ 嵩天 . 全国计算机等级考试二级教程——Python 语言程序设计 ［M］. 北京：高等教育出版
社，2018.